ENCYCLOPÉDIE A. L. GUYOT

HYGIÈNE
AGRICULTURE
LÉGISLATION
INDUSTRIE
SCIENCES
SPORTS
ARTS
MÉTIERS

LES RAYONS X

A la portée de tous

MANUEL POPULAIRE

DE

Radiographie et de Radioscopie

PAR

L. TRANCHANT

TOME PREMIER

PARIS

20, rue des Petits-Champs.

Algérie, Colonies et Étranger: 35 cent.

(Port en plus)

Les Rayons X à la portée de Tous

LES
RAYONS X
A LA PORTÉE DE TOUS

Manuel populaire de Radiographie et de Radioscopie

PAR

L. TRANCHANT

TOME PREMIER

PARIS
Collection A.-L. GUYOT
20, rue des Petits-Champs, 20

OUVRAGES DU MÊME AUTEUR

COLLECTION A.-L. GUYOT

Manuel pratique du Photographe Amateur........................ I volume.
Le Petit Jardinier Amateur....... I »
La Photographie des Couleurs.... I »
Les Applications modernes de la Photographie.................... I »

ROMANS

Les Mésaventures d'un Pêcheur à la ligne (épuisé). — FAYARD, éditeur.
Le Chemin du Crime, I vol........ 3 fr. 50

OUVRAGES PHOTOGRAPHIQUES

La Linotypie (GAUTHIER-VILLARS, *éditeur*)............................ 1 fr. 25
La Photocollographie simplifiée, 2e édition (DESFORGES, *éditeur*)...... 1 fr. »
La Photographie des couleurs simplifiée, 2e édit. (DESFORGES, *éditeur*) 3 fr. »
L'Illustration Photographique des Cartes postales.................. 1 fr. 25
Le Vade-Mecum du Cycliste Photographe............................ 1 fr. »
La Microphotographie simplifiée, I volume (MENDEL, *éditeur*)........ 1 fr. 25

COLLECTION *Photo-Revue* de Ch. MENDEL à 0 fr. 60

La Photographie au charbon simplifiée. — La Photocopie positive par développement. — Les Positives pour projections. — La Photocollographie pour Tous. — La Photocéramique simplifiée. — La Photosculpture pour Tous. — Le Photovitrail simplifié. — Clichés pelliculaires et retournés.

LES RAYONS X POUR TOUS

CHAPITRE PREMIER

Histoire des Rayons X

Tout le monde sait que, lorsque l'on produit un courant électrique, soit au moyen d'une machine électro-statique, soit à l'aide des piles (1), il suffit de rapprocher les deux fils qui joignent les pôles de la machine pour produire une étincelle.

Suivant les machines productrices d'électricité, il faut un éloignement plus ou moins considérable pour que cet effet se

(1) Voir au chapitre III pour l'explication de ces diverses sources d'électricité.

produise. Avec les piles, quelques millimètres seulement doivent séparer les deux extrémités des fils. Avec les machines électro-statique, cette distance peut aller jusqu'à 50 centimètres. Les étincelles qui se produisent rappellent, par leurs formes et leur couleur, les éclairs.

Il y a fort longtemps que ces effets lumineux de l'électricité sont connus comme nous le dirons bientôt. Ce qui est plus récent, puisque c'est en 1842 que, pour la première fois, on étudia ces phénomènes, ce sont les expériences faites sur les étincelles électriques dans le vide, qui fut le prélude de la découverte des rayons X.

Au dix-huitième siècle, vers 1750, l'électricité avait les honneurs des salons, des cours et du peuple. Jusque sur les foires, on pratiquait l'électricité : on y tirait des étincelles du corps des patients qui voulaient bien se soumettre aux épreuves inventées par les charlatans qui les amusaient en gagnant leur vie à leurs dépens.

Le roi se dérangeait, quand il ne dérangeait pas les savants qui se chargeaient de lui montrer la découverte à la mode. On peut bien employer ce mot, puisque les dames introduisaient dans leurs toilettes des objets à prétentions scientifiques. Ne citons qu'un exemple : en 1778, la grande mode était de porter des chapeaux à pointes de paratonnerre dont la partie inférieure était terminée par une chaînette qui traînait sur le sol : c'était, disait-on, pour se protéger contre le feu du ciel.

Les expériences de salons se multipliaient, mais toutes n'avaient alors qu'une valeur bien minime, comme toutes les expériences de salons ou de cours publics ; c'étaient des jeux de sociétés, des plaisanteries plus ou moins désagréables, d'un goût plus ou moins douteux. Comme type de « farce » de ce genre, citons la *canne électrique*. Cette canne était un tube de verre encastré dans un tube de fer blanc peint pour imiter le bois ou le roseau.

Au moyen d'une simple peau de lapin ou de chat et d'un bâton de résine frottés l'un contre l'autre, on obtenait de l'électricité qu'on accumulait dans la canne qui était remplie intérieurement de feuilles d'or ou de cuivre mises en bouchons. Quand on portait cette canne, il fallait éviter de la tenir par la poignée qu'il suffisait de toucher pour décharger la canne et recevoir un choc peu agréable. Rencontrait-on un ami, il suffisait de lui toucher la main avec la pomme de la canne pour donner une forte secousse à toute sa personne.

L'expérience, à la mode aussi en ce temps déjà éloigné, qui est le premier pas fait vers les rayons X, c'est le fameux *œuf électrique* de Franklin et de son ami et voisin, l'ingénieur Kinnesley.

On se procure une fiole ovoïde de verre blanc dont les deux pointes sont terminées par une tubulure (fig. 1). On ferme l'une des tubulures à l'aide d'un bouchon, après y avoir fixé une tige de laiton ou de cuivre terminée par deux boules. L'autre tubulure se ferme avec un bouchon en métal qui est un robinet à vis se montant sur la machine pneumatique pour y faire le vide. On peut, du reste, en fermant chaque extré-

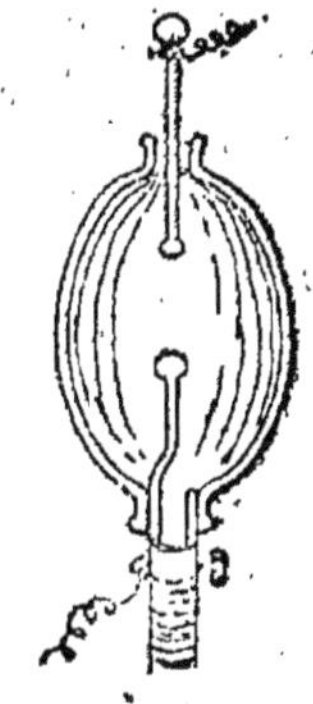

Fig. 1. — Schéma de l'œuf électrique

mité à l'aide d'un bouchon traversé par la tige de cuivre à deux boules, obtenir un vide approximatif sans machine pneumatique. Il suffit pour cela de ménager une très petite ouverture dans l'un des bouchons, de chauffer fortement et également partout l'œuf de verre. Quand on croit la chaleur suffisante, on bouche le trou avec de la gomme laque fondue au feu.

En approchant la boule de cuivre supérieure du condensateur de la machine électrique et en mettant celle inférieure en contact avec le sol par une chaînette ou un fil métallique, on obtient dans l'œuf des aigrettes qui remplissent le globe de lueurs violacées qui charmaient nos ancêtres du XVIIIe siècle.

« Cette expérience, simple et charmante, « après avoir fait la joie des dilettanti de « la physique, a conduit finalement aux « fameux rayons découverts par Rœnt- « gen », a dit M. Cornu dans la séance du 24 décembre 1896, de l'Académie des Sciences.

Mais, que de chemin parcouru, que de découvertes entassées les unes sur les autres, que d'inventions de tous genres n'a-t-il pas fallu pour arriver jusque là : Les producteurs d'énergie électrique, la bobine de

Ruhmkorff, les tubes de Geissler et de Crookes, les recherches sur les corps fluorescents, que de travaux, que de vies de labeur n'a-t-il pas fallu pour permettre au savant prussien de faire sa découverte.

Dans ce chapitre, nous ne parlerons, ni des producteurs d'énergie nécessaires pour fabriquer l'électricité, ni de la bobine de Ruhmkorff; nous nous contenterons d'esquisser aussi rapidement et complètement que possible l'histoire des découvertes qui ont amené l'invention de l'ampoule de Crookes et les diverses observations qui ont mis Rœntgen sur la trace de ses fameux rayons.

En 1842, un bordelais, Abria, fit passer dans l'œuf électrique le courant de la bobine de Ruhmkorff qu'on commençait à connaître. Il fit un certain nombre d'observations : il fut le premier qui remarqua les différentes actions de ce courant suivant que l'œuf était plus ou moins vide d'air.

Avec un demi-vide, il obtenait une étincelle à peu près semblable à celle produite à l'air libre et telle que nous la représentons dans la figure 2.

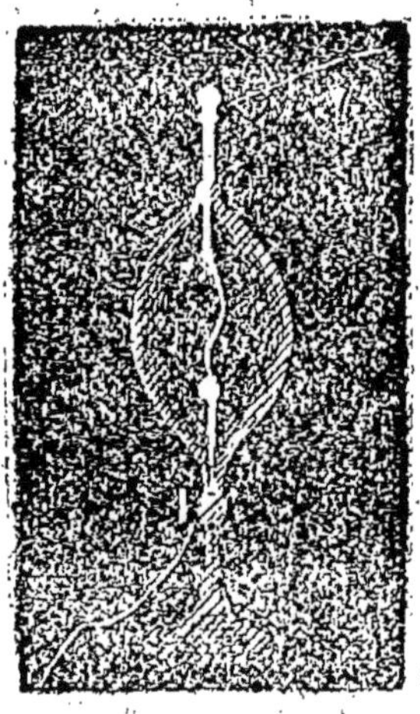

Fig. 2. — Lumière dans le demi-vide

Avec un vide correspondant à deux millimètres de mercure (1), il obtenait des

(1) On sait que la pression atmosphérique est mesurée par un tube de verre rempli de mercure (baromètre) et qu'à pression normale la hauteur du mercure contenu dans le tube est de 760mm par conséquent la pression à 2mm est égale à 1/380e d'atmosphère.

lueurs verdâtres ou violacées qui éclairaient et rendaient lumineux l'œuf tout entier en faisant une lumière *stratifiée* (fig. 3), c'est-à-dire formée de disques lumineux alternant avec des disques obscurs. Le pôle

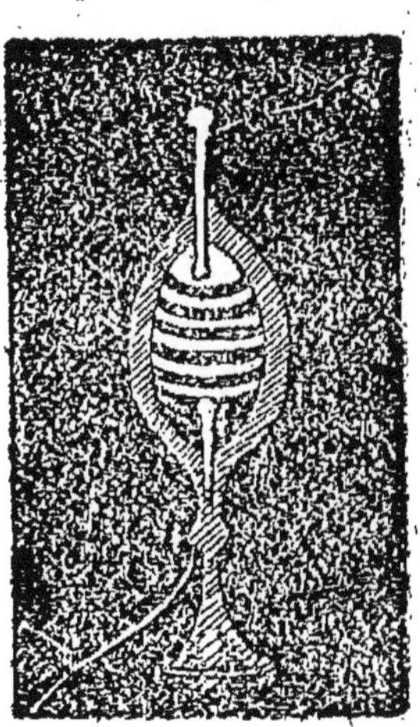

Fig. 3. — Lumière stratifiée

positif présentait presque toujours un éclat éblouissant d'un beau rouge, tandis que le pôle négatif était peu éclairé et violet. Autour de la tige négative, cette lumière formait une gaine brillante, tandis qu'autour de l'autre il y avait obscurité complète.

En produisant un vide plus absolu, il observa une lueur en forme de plumet au

Fig. 4. — Lumière électrique dans le vide presqu'absolu

pôle positif (fig. 4), tandis que le pôle négatif restait obscur. Un phénomène curieux, observé par lui dans ce dernier cas, fut celui-ci : Si l'on présente le doigt à l'aigrette lumineuse latéralement à sa direction normale, elle se tourne vers lui (fig. 5).

En 1852, Grove et Quet observèrent l'action de l'étincelle électrique par rapport au

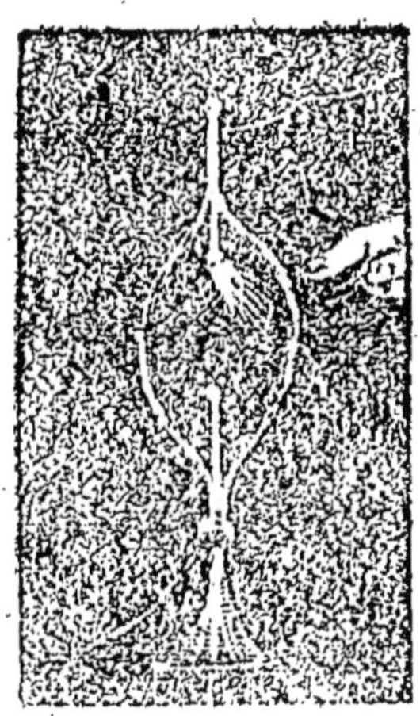

Fig. 5. — Attraction de l'aigrette lumineuse par le doigt

diamètre des tubes ou des boules de verre dans lesquelles on fait passer le courant après y avoir raréfié l'air. Dans les boules, dans les tubes très larges, la lueur est très faible, peu intense, tandis que dans les tubes les plus petits, dans les tubes capillaires (c'est-à-dire ceux dont le diamètre est fin comme un cheveu), cette lumière est forte et très brillante. Ils en concluaient que c'était une série de vibrations analogues à celles qui, pour l'ouïe, constitue l'essence même des sons. Si dans une pièce très petite, on joue d'un instrument quelconque, le bruit musical sera d'une intensité proportionnellement plus grande que dans une vaste salle. Il faut à l'Opéra plus de vibrations sonores pour se faire entendre qu'à l'Odéon. Par conséquent, un certain nombre de ces vibrations lumineuses (que pour plus de clarté, on peut matérialiser en les comparant à des lignes lumineuses) dans un tube capillaire se confondent en produisant une ligne très brillante, alors que dans les tubes très larges elles seront éloignées les unes des autres en donnant une lumière moins violente (fig. 6).

En 1854, Geissler, opticien de Bonn, construisit le premier instrument auquel il a laissé son nom et qui est bien connu tant comme jouet que comme instrument de

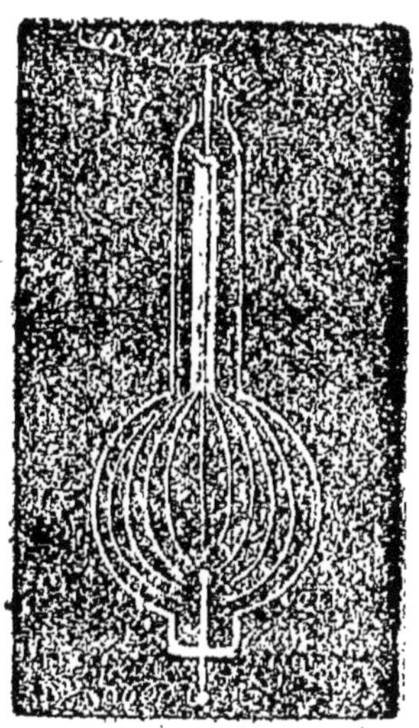

Fig. 6. — Tube capillaire

laboratoire et de cours. Dans les tubes de Geissler, qui sont étirés à chaud de façon à avoir intérieurement des diamètres différents en général aussi petits que possible, on fait le vide d'une façon particulière. En effet, après avoir raréfié l'air dans le tube, on y introduit un gaz : azote, hydrogène, chlore, gaz d'acide chlorhydrique ou autre. Le verre du tube, au lieu d'être blanc, peut être teinté au moyen de substances qui communiquent à la lumière des couleurs vives, chatoyantes, rappelant par leur diversité celles des feux d'artifices ou des fontaines lumineuses.

Les milieux gazeux donnent des couleurs différentes : le chlore produit une teinte verte; l'hydrogène, rouge; l'azote, rose; l'acide chlorhydrique donne au pôle positif une teinte verte, tandis qu'au pôle négatif on a une coloration rouge. Les verres, suivant leur composition, donnent également des nuances différentes.

Ces tubes de Geissler ont été, vers 1860, utilisés pour l'éclairage des mines à un moment où la lampe à fil de charbon et à incandescence n'étaient pas connues. Gaiffe introduisait dans un tube de verre blanc un tube de Geissler de forme assez contourné contenant un peu d'urane, ce qui leur donnait une teinte verdâtre (fig. 7). A l'intérieur du tube, le gaz raréfié y contenu était de l'azote qui donne une teinte rose. De sorte que la lumière était blanche :

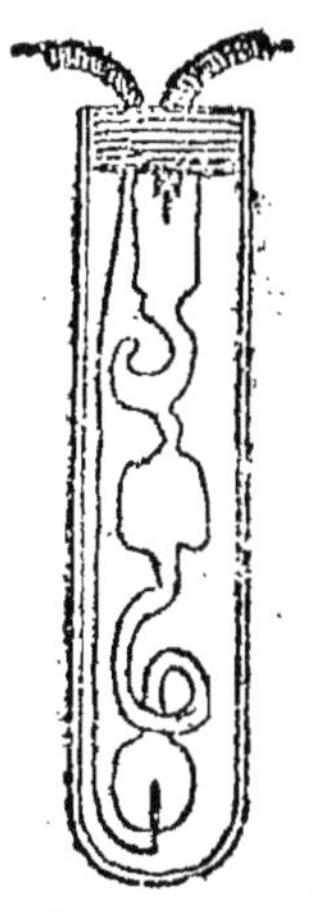

Fig. 7. — Lampe Gaiffe.

le rose avec le vert pâle fournissant du blanc.

En 1865, Hittorf fit une observation intéressante sur l'action du vide. On savait déjà que, selon le degré de raréfaction de l'air, la décharge électrique produisait des effets différents. Mais jamais on n'avait songé à utiliser des ampoules *absolument* vides d'air. Hittorf, le premier, parvint à

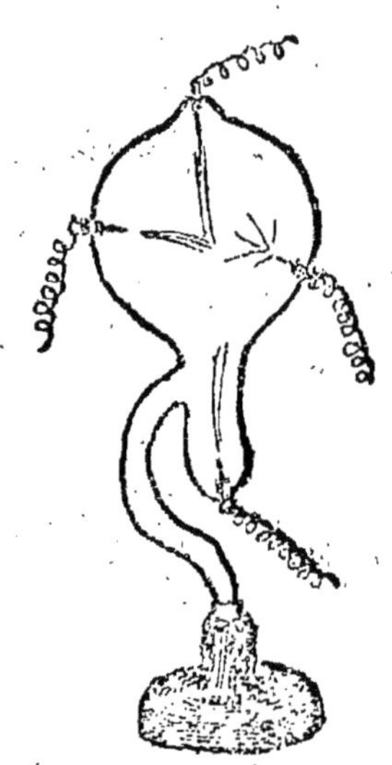

Fig. 8. — Dispositif de Hittorf

réaliser ce problème et en tira la conséquence de l'impossibilité de faire passer un courant électrique dans le *vide absolu* (fig. 8). Cette résistance du vide était si considérable que l'étincelle ne jaillissait même pas en rapprochant les deux tiges conductrices à quelques millimètres. Mais si dans un rayon déterminé, à vingt centimètres de l'ampoule, par exemple, il se trouvait une tige métallique reliée à l'un des pôles de l'œuf, on voyait une étincelle jaillir entre cette tige et l'autre pôle. En l'année 1876, un savant anglais, le physicien William Crookes, né à Londres le 17 juin 1832, découvrit, qu'à un certain degré de vide intermédiaire entre la raréfaction des tubes de Geissler et le vide absolu, on obtient des effets absolument différents de ceux obtenus avec un vide plus ou moins complet.

En produisant un vide très voisin de la raréfaction complète, en laissant dans le tube des traces infiniment petites d'air, Crookes remarque que le courant (qui dans le vide absolu est arrêté) passait, que la paroi de l'œuf s'échauffait vis-à-vis de l'électrode négative, tandis qu'elle devenait floorescente et qu'elle produisait au même endroit une lueur verdâtre fort curieuse.

Dans la première expérience de Crookes, l'électrode positive se trouvait juste en face de l'électrode négative. Croyant que la fluorescence et l'échauffement de l'ampoule étaient dus à cette circonstance, il déplaça l'électrode négative la mettant en côté (fig. 9). Le même phénomène se produisit, c'était toujours la portion (A de notre dessin), opposée à l'électrode négative, qui devenait fluorescente, de sorte qu'il pouvait affirmer formellement que les effets du passage du courant n'étaient nullement liés à la position ou à la nature de l'électrode positive. Cette dernière est dénommée anode dans la technique des rayons X.

Il fit la preuve de cette indépendance de l'anode (positif) et de l'électrode (négatif) par une troisième expérience que voici : Il fit construire un tube muni de deux anodes dans les mêmes conditions de raréfaction d'air, il obtint exactement le même phénomène. Le vide était toujours égal à 1/1.000.000 d'atmosphère, c'est-à-dire correspondant à une hauteur de mercure de 0.000.076.

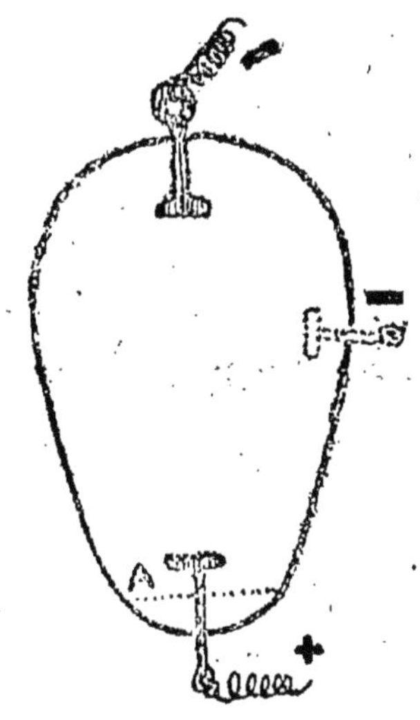

Fig. 9. — Tube de Crookes montrant la position de l'électrode négative dans les deux expériences

Avec le vide de Geissler, que plus haut nous avons signalé comme correspondant au 380e d'atmosphère, le courant partirait de l'électrode négative (ou cathode) pour se diverger vers les deux anodes en deux flammes.

Les rayons, cause de la fluorescence du verre, ont été désignés sous le nom de rayons cathodiques, parce qu'ils sont issus du pôle négatif ou cathode. Nous étudierons les propriétés de ces rayons dans un autre chapitre réservant à celui-ci l'histoire des découvertes qui se rattachent aux rayons X. M. Philippe Lénard reconnut que les rayons de Crookes se propageaient aussi facilement dans l'air que dans le vide.

Hertz remarqua qu'une feuille métallique et particulièrement une feuille d'aluminium de deux centièmes de millimètre était traversée par les rayons cathodiques, ce qu'on reconnaissait à la lueur fluorescente qu'ils communiquaient à une feuille de papier de soie imbibée d'une solution de pentadécylparatolulcétone.

Les expériences de Lénard furent même poussées si loin, qu'on est étonné de voir un savant de cette valeur passer à côté d'une découverte de cette importance sans la faire. Lénard préparait une sorte de chambre noire en aluminium épais dans laquelle il enfermait le tube de Crookes. Au fond, il ménageait une ouverture en forme de croix sur laquelle il collait une feuille mince d'aluminium. Dès que l'appareil était en fonction, il suffisait de placer à une petite distance l'écran de pentadécylparatolulcétone, pour voir une croix lumineuse verdâtre se dessiner sur le papier de soie.

En modifiant l'éloignement de l'écran, il reconnut que ces rayons se propageaient en ligne droite sans être déviés par les obstacles qu'ils pouvaient rencontrer et que leur action était sensible même à plusieurs mètres.

Il observa encore un phénomène qui aurait dû lui faire trouver les rayons X. Sur l'écran fluorescent, il remarqua que l'image lumineuse offrait cette particularité d'être obscure en son milieu, tandis que le bord était très lumineux et comme un peu flou. Or, en faisant agir un aimant sur cette lumière, en l'approchant et en l'éloignant, il acquit la conviction que le centre de la croix lumineuse n'était pas impressionné par l'aimant, tandis que les bords se déviaient.

On sait maintenant que les rayons X ne sont pas déviés par l'aimant, tandis que les rayons cathodiques le sont.

M. Wiedmann fut le premier à établir la différence des deux radiations : les rayons X et les rayons cathodiques : les premiers insensibles à l'action de l'aimant, tandis que les seconds sont déviés par lui. Il ajoutait dans son mémoire à ce sujet que cette expérience prouvait qu'il y avait des formes de l'énergie qui nous étaient inconnues, que faute d'instruments convenables nous ne pouvons séparer des autres, quoique nous puissions les deviner. C'est peu après que Rœntgen fit sa mémorable découverte en se servant d'un instrument d'observation que M. Wiedmann aurait pu utiliser comme lui : la plaque au gélatinobromure du photographe.

CHAPITRE II

L'Invention de Rœntgen

Le docteur Wilhelm-Conrad Rœntgen, né à Düsseldorff en 1844, était professeur de physique à l'Université de Wurtzbourg (Bavière), lorsqu'il publia son mémoire sur ses travaux concernant une lumière nouvelle ou pour parler scientifiquement sur des radiations ignorées jusqu'à lui, qu'il appelait *les rayons X*. Savant consciencieux et modeste, Rœntgen ne pouvait pas, par ses travaux antérieurs, être soupçonné d'avoir voulu acquérir facilement une renommée brillante quoique passagère en essayant de faire prendre une découverte sans valeur pour une de celles qui révolutionnent le monde. Plus simple, sans chercher une popularité usurpée, il avait publié un mémoire fort complet, clair et précis, où il donnait l'exposé de ses expériences que tout le monde pouvait repro-

Fig. 10. — Rat radiographié

duire et vérifier. C'est peut-être, avec la valeur de la découverte, cette loyauté que les savants allemands n'ont pas toujours montrée, qui a le plus profité à l'extension de la connaissance des rayons X. Chacun s'est empressé, dans tous les laboratoires de physique, de reproduire les expériences de Rœntgen. En France, suivant M. G.-H. Niewenglowski (1), le sympathique directeur de « *La Photographie* », l'expérience fut répétée pour la première fois peu après la publication du mémoire de Rœntgen par M. Seguy, à l'école de pharmacie de Paris,

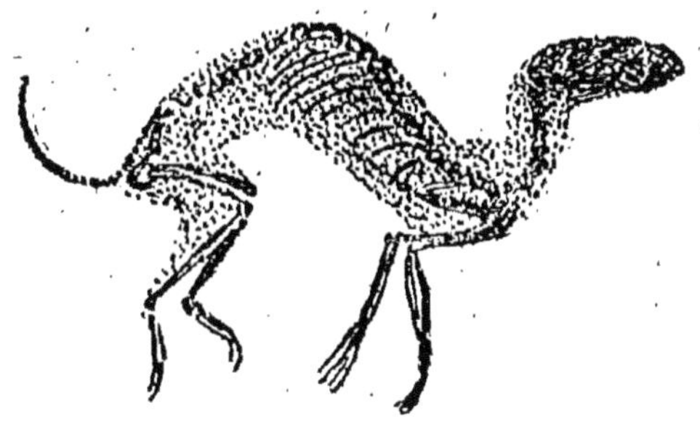

Fig. 11. — Ecureuil

dans le laboratoire de M. Le Roux, avec une force de 12 volts et un débit de 20 ampères.

C'est en observant un tube de Crookes, caché dans une boîte de carton, que Rœnt-

(1) On consultera avec fruit son ouvrage sur les rayons X.

gen découvrit la propriété de ces tubes d'émettre une lumière particulière qui traversait les corps opaques pour la plupart des lumières connues. On a dit que c'était par hasard qu'il avait fait cette découverte : une feuille de papier imbibée de solution de platinocyanure de baryum, qui se trouvait à proximité du tube, s'était illuminée au moment où le courant avait produit la lumière cathodique invisible, cachée qu'elle était par le carton qui recouvrait l'ampoule. Ce hasard, dont on a voulu faire une arme contre Rœntgen, me paraît ne jamais servir que ceux qui veulent et peuvent utiliser ses indications.

Quoiqu'il en soit de cette part du hasard, il sut en profiter, car il tira cette conclusion « *qu'une lumière* inconnue (X), issue de l'ampoule de Crookes, traversait les corps opaques ». Peut être cette lumière X impressionnait-elle les plaques photographiques. Il exposa donc un châssis négatif chargé à cette lumière nouvelle et, au développement, il aperçut le squelette de la main qui tenait le châssis.

Les rayons X étaient découverts. Ils étaient de plus dénommés à cause de leur mystérieuse origine, les rayons X, les rayons inconnus quant à leur nature. Nous croyons bien faire en résumant le mémoire de Rœntgen.

— « Le courant d'une forte bobine de Ruhmkorff, en traversant un tube vide poussé très loin, produit une lueur particulière. Si le tube est parfaitement enfermé dans un papier noir et si l'on opère dans une pièce obscure, on peut observer que, quoique aucune lumière ne soit visible à la vue, un papier recouvert de platinocyanure de baryum s'illumine dès que le tube est en activité. Cette fluorescence se produit même à 2 mètres du tube de Crookes.

Il y a donc une énergie susceptible de traverser le papier noir opaque à toute autre lumière. On voit par l'expérience que tous les corps sont transparents pour cet agent, mais à des degrés variables. Un livre de 1.000 pages est traversé sans peine; l'encre d'imprimerie, deux jeux de cartes, une feuille de papier d'étain, une planche de 2 centimètres d'épaisseur n'absorbent nullement cette lumière. Une feuille d'aluminium de 15 millimètres d'épaisseur est traversée par les rayons X (c'est ainsi que j'appelle cette énergie nouvelle) qui sont affaiblis par cet obstacle.

Le verre laisse passer les rayons lumineux X, le verre plombeux (cristal) les arrête en partie. L'ébonite en plaques de plusieurs centimètres d'épaisseur est transparente.

La main placé devant l'écran fluorescent projette son ombre, les os sont très sombres, tandis que la chair est à peine teintée.

Les liquides, l'hydrogène, les gaz sont perméables aux rayons X; les feuilles minces des métaux sont traversées facilement par eux. Une lame de platine de 2 millimètres laisse passer des rayons, tandis que le plomb, sous la même épaisseur, est opaque pour eux (1). Les sels métalliques ont la même action que les métaux dont ils sont issus. C'est ainsi qu'une feuille de bois peinte à la céruse fait ombre sur l'écran, tandis que sans cela, l'ombre est très faible. Le poids spécifique des corps a en général une influence considérable sur la pénétration des rayons X. Plus un corps est dense, moins il est perméable à ceux-ci. Pourtant, le spath d'Islande, dont la densité est aussi considérable que celle du cristal de roche, est, à épaisseur égale, beaucoup plus transparent.

En augmentant l'épaisseur, on offre plus de difficulté au passage des rayons X. C'est ainsi que sur une plaque photographique, plusieurs feuilles de papier d'étain, disposées en gradins d'opacités croissantes, ont

(1) Plus loin, Rœntgen, dit le contraire. (Note de l'Auteur.)

donné des graduations d'intensité inversement proportionnelles aux épaisseurs de ce métal.

Des feuilles de platine, de plomb, de zinc et d'aluminium ont été soumises à des expériences destinées à faire connaître l'épaisseur de chacun de ces corps qui donnerait une unité d'ombre. On a reconnu que 20 centimètres d'aluminium offrait la même résistance aux rayons X que 6 millimètres de zinc, 3 millimètres de plomb et 1 millimètre de platine. La densité de ces corps étant de 2,6; 7,1; 11,3 et 21,5, on voit que le rapport entre la densité et la transparence existe, mais qu'il n'y a aucune proportion entre ces deux états.

Le platinocyanure de baryum n'est pas le seul corps qui devienne fluorescent aux rayons X. Beaucoup d'autres produits présentent le même phénomène.

Les plaques au gélatino-bromure sont très sensibles aux rayons X. Mais on doit éviter de laisser les châssis chargés dans la pièce où l'on opère, car elles sont impressionnées à travers le bois ou le carton.

L'œil est absolument insensible à ces rayons, si près soit-il de l'ampoule, il ne perçoit rien.

Il y a lieu de savoir si l'action sur la plaque est due aux rayons eux-mêmes ou à la fluorescence de la plaque sous l'action de ces rayons.

J'ai voulu voir (dit encore Rœntgen) s'ils étaient déviés par les prismes. Des prismes de mica m'ont donné aucune déviation, tandis que la lumière dans les mêmes instruments (au nombre de deux) était déviée de 10 et de 20 millimètres. L'ébonite et l'aluminium donnent sur la plaque photographique des ombres qui font soupçonner une déviation. Elle est, du reste, si faible, que ce n'est encore qu'un doute.

Les métaux, les corps réduits en poudre ne semblent pas avoir d'action au point de vue de la réfraction. L'expérience a porté sur du sel gemme pulvérisé, de l'argent en poudre impalpable, de la poussière de zinc et, dans tous les cas, il n'y a eu ni réfraction, ni différence sensible avec le métal à l'état cohérent.

On ne pouvait donc, d'après cela, songer à utiliser les lentilles pour converger ces rayons, et en fait on n'a pu arriver à aucun résultat à l'aide des objectifs. L'ombre photographique d'un cylindre homogène est plus noire au milieu que sur les bords. Un tube métallique rempli d'un liquide plus transparent que le métal donne une image plus claire au centre que sur les bords.

Il paraît certain que les rayons X agissent avec une force de pénétration égale pour tous les corps, mais qu'ils perdent de leur activité par suite de la résistance offerte par l'épaisseur des corps et que la densité est un des facteurs importants de la résistance des objets aux rayons X.

L'air qui éteint rapidement l'action des rayons cathodiques n'a qu'une action très faible sur les rayons X. De même, l'aimant qui a une action sur les rayons cathodiques n'en a pas sur les rayons X.

Le verre ne semble pas être la cause de cette énergie nouvelle, puisqu'un tube en aluminium donne également des rayons X. »

« J'ai appelé ces rayons de ce nom, car « cette énergie se comporte comme une « lumière produisant des silhouettes ré« gulières quand on interpose un corps « plus ou moins opaque entre le tube et « une glace sensible ou un écran fluores« cent. J'ai observé et reproduit photogra« phiquement un certain nombre de ces « ombres. J'ai le squelette de la main, les « photographies d'un fil métallique sur « une bobine, d'une collection de poids « dans une caisse, d'un fragment métalli« que dont les rayons X ont découvert les « pailles. Je n'ai pu produire l'interféren« ce des rayons X. »

CHAPITRE III

Les Instruments nécessaires à la Radiographie et à la Radioscopie

Dans les chapitres qui précèdent, nous avons suivi pas à pas la découverte des rayons X. Indiquons donc comment on les produit, ces fameux rayons.

Nous avons parlé de l'ampoule de Crookes. C'est l'instrument indispensable, puisque c'est lui qui fournit la force spéciale, baptisée par Rœntgen du nom de rayons X. Mais il faut encore quelques autres objets : 1° une bobine de Ruhmkorff ou un transformateur analogue à cet instrument; 2° un écran fluorescent; 3° un producteur d'électricité quelconque.

§ 1. — L'AMPOULE DE CROOKES. — L'ampoule de Crookes, dont nous avons parlé déjà dans notre premier chapitre, se compose essentiellement d'un œuf de verre traversé en deux points assez éloignés par des tiges de platine terminées intérieurement par un petit plateau de même métal. Dans l'œuf, on a fait un vide complet avec des pompes spéciales que nous décrirons dans le paragraphe suivant. Le vide absolu empêchant le passage de toute décharge, on doit, après avoir fait le vide, introduire une quantité d'air fort petite, puisqu'elle doit être équivalente à un millième de millimètre de mercure. C'est-à-dire qu'à la pression normale elle sera de 760/1.000 ou $0^{mm}00076$, ou encore d'un millième d'atmosphère. Le physicien anglais, Sylvain Thompson, a reconnu que la puissance des rayons X, leur force de pénétration s'accroissait en même temps que le vide augmentait jusqu'à un certain moment où la décharge ne se faisait plus. Ce qui est remarquable, c'est que lorsque le vide est à la limite extrême, la puissance des radiations est telle, que les os sont traversés aussi complètement que la chair et qu'il y a impossibilité avec un tube vidé d'air à ce point de faire de la radiographie ou même un bon examen radioscopique. La nature du verre qui sert à composer les tubes de Crookes doit être d'une certaine composition : il faut s'abstenir de verres à base de plomb, beaucoup trop mous et incapables de fournir de bonnes radiations.

On a supposé que les rayons X étaient dus à l'action de la décharge électrique sur les molécules du verre. La vive décharge frappe violemment la paroi du verre opposée et produit un travail par suite de la résistance de celui-ci. Ce travail se traduit par une modification lente de la disposition des particules moléculaires du verre et surtout par la production des rayons X. Quand on tire à balle sur une cible assez résistante, pour que la balle ne puisse la traverser, on observe deux phénomènes : l'aplatissement du plomb et la production d'une chaleur très vive. Le *bombardement* de la paroi du tube de Crookes, opposée à la cathode (anticathode) par la décharge électrique, produit un double effet correspondant exactement au double effet du tir sur un mur : d'un côté, nous avons modification lente du verre et production de rayons X; de l'autre nous avons l'aplatissement de la balle et production de chaleur. Des deux côtés, pour que ces deux faits se produisent, il faut nécessairement que *la cible* soit de nature convenable. On préfère un verre à base de chaux et de potasse au encore un verre à base de silicate de soude, de baryte et de chaux à tous les autres. La lueur fluorescente des radiations émises par les tubes ainsi composés sera vert pomme.

§ 2. — APPAREILS A FAIRE LE VIDE DANS LES TUBES DE CROOKES. — Les appareils qui servent à faire le vide sont nombreux. Le plus simple est la pompe aspirante absolument semblable extérieurement à la petite pompe qui sert à gonfler les pneumatiques des bicyclettes. Elle est composée essentiellement d'un tube métallique B bien

Fig. 12 — Coupe de la pompe à air

cylindrique, d'un piston et d'une tige C, servant à actionner le piston. Celui-ci est un cylindre de métal ou de bois sur lequel se fixe la tige et qui est percé en A d'un trou. A la partie supérieure du piston et au-dessus du trou, on adapte une lame métallique très mince et doublée au-dessous d'un morceau de peau. Lorsque l'on pousse de haut en bas le piston, cette lame se soulève, laissant passer au-dessus d'elle l'air ou l'eau qu'on veut pomper. Dès que l'on

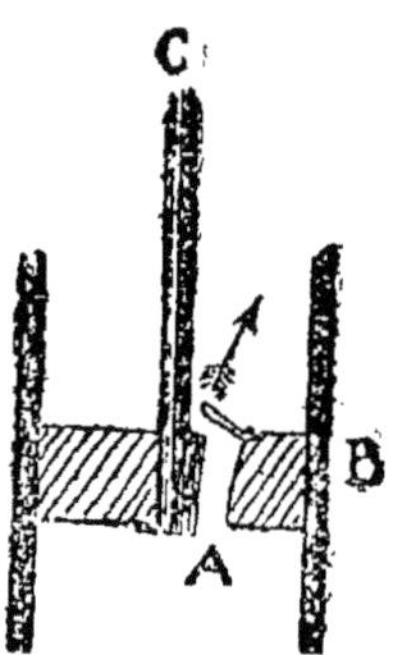

Fig. 13. — Pompe à air

fait remonter le piston, la lame se referme sous l'action de l'air ou de l'eau et on peut continuer à retirer la plus grande partie de l'air qu'on veut enlever. Telle est constituée la pompe à air simple (fig. 12 et 13), la machine pneumatique est tout simplement une paire de pompes semblables à celle que nous venons de décrire et montées sur une table silode (fig. 14). Deux leviers formant un bras unique permettent à chaque coup de pompe de profiter de la

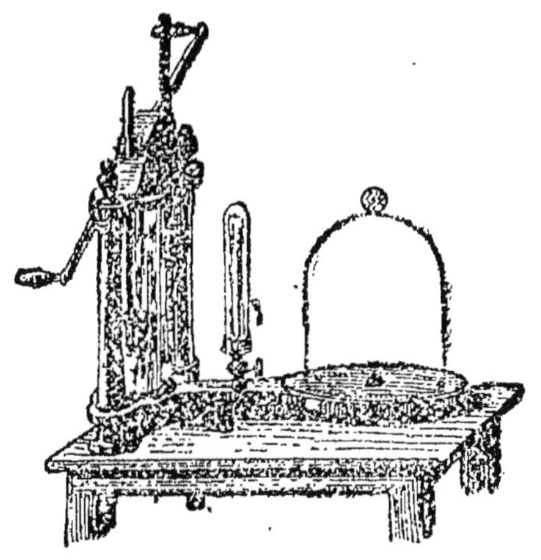

Fig. 14. — Machine pneumatique

pression atmosphérique exercée sur le piston descendant pour faciliter l'ascension de l'autre. En effet, la pression atmosphérique est telle, qu'on aurait avec une pompe unique à vaincre une résistance égale à un peu plus de 1 kg. 30 gr. par centimètre carré. De sorte, qu'une pompe un peu grosse pourrait nous occasionner un effort de 120 kg. à soulever.

Ces deux genres de machines : pompes à air ou machines pneumatiques, ont l'in-

Fig. 15. — Expérience de Torricelli

convénient de ne pouvoir donner le vide parfait. Il y a toujours dans le fond du cylindre, dans les raccords, ce qu'on appelle un espace nuisible où l'air reste logé. Voici pourquoi on a inventé les *pom-*

pes ou *trompes à eau et à mercure* qui servent à enlever cette petite quantité d'air. La trompe à eau ne pouvant pas produire le vide suffisant pour les ampoules de Crookes, nous ne parlerons que de la pompe à mercure.

La pompe à mercure est basée sur l'expérience de Torricelli (qui consiste, on le sait, à prendre un tube de verre clos à une extrémité, à le remplir de mercure. Si l'on retourne ce tube, il ne restera jamais dedans plus de 76 centimètres de hauteur de mercure. Si l'on a un tube d'un mètre (fig. 15). On aura 24 centimètres (de A à B) de vide absolu.

Comme type de pompe à mercure (fig. 16), nous avons pris la première machine bien comprise qui ait été construite en France, c'est-à-dire celle d'Alvergniat frères. C'est la plus simple et non la moins bonne. Elle se compose essentiellement de deux réservoirs en verre (A et B) réunis par un tube en verre C et un tuyau de caoutchouc D. Le réservoir A et le tube C sont fixés sur une planchette; tandis que le réservoir B ouvert à sa partie supérieu-

Fig. 16. — Pompe à mercure

re glisse le long d'une rainure et est maintenu au haut par une corde manœuvrée à l'aide d'une poulie. Le réservoir A est relié au vase à priver d'air par un tube en caoutchouc E. Mais entre le tube E et le réservoir A est interposé un vase G plein d'acide sulfurique ou de chlorure de calcium sec pour enlever l'humidité du vase à raréfier.

Le fonctionnement de cet appareil est simple et permet, avec un nombre d'opérations assez grand, d'obtenir une pression de 1/10e de millimètre. Pour opérer, le récipient B étant comme dans la figure, on ouvre le robinet R, le mercure descend, chasse l'air devant lui. Il n'y a plus qu'à faire descendre le vase B qui se remplit de mercure, tandis que le vide se fait dans le vase A. On recommence ainsi suivant la capacité de l'ampoule à vider cinq, dix ou vingt fois. Des machines, fondées sur le même principe, ont été faites depuis par Alvergniat, par Jamin, par Seguy, etc. Elles présentent des progrès sur celle-ci, mais sont d'un mécanisme assez compliqué pour rendre l'explication peu claire et par conséquent inutile.

§ 3. FORMES ET MODIFICATIONS DIVERSES APPORTÉES AUX TUBES DE CROOKES. — La forme des tubes de Crookes, qui était primitivement celle d'un œuf, a varié considérablement depuis 1896.

Chaque constructeur préconise la forme adoptée par lui en donnant des raisons de supériorité, de rendement qui ne sont pas toujours réelles. D'une façon générale, chaque forme a des avantages et des inconvénients. M. Ducretet, le constructeur bien connu, préfère la forme ovoïde : un œuf très allongé tel est son tube. M. Seguy préconise la boule. Le premier affirmait que son tube était plus facile à priver d'air, le second que son tube donnait un meilleur rendement. Ces deux affirmations étaient si vraies, que tous les constructeurs s'efforçaient de combiner ces deux formes pour obtenir à la fois les deux qualités. On fait donc les tubes en poires à anticathode très large. Au début, on faisait le tube pyriforme dans la partie la plus étroite, on fixait une tige de platine terminée par un plateau d'aluminium (A) perpendiculaire au diamètre (D) de l'ampoule.

Dans la figure 17, nous donnons un schéma du tube de Crookes, tel qu'il

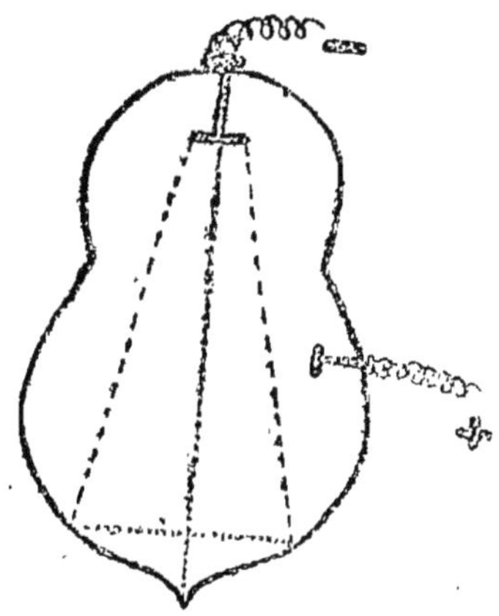

Fig. 17. — Schéma du tube de Crookes

était fabriqué en 1896 : En — on a la cathode ; en + l'anode ; en B l'anticathode, c'est-à-dire la partie du verre qui subit l'action de la décharge électrique et produit les rayons X. L'anode positive était placée sur une des parois latérales en un point quelconque. Avec ce tube, on avait une trop grande surface d'anticathode, la puissance des rayons X était pour cette raison très faible, par suite de leur dispersion exagérée. M. Collar-

Fig. 18. — Tube Collardeau

deau, voulant une activité plus grande des rayons X, imagina un tube cylindrique fermé par une demi-sphère à chaque extrémité (fig. 18). Ce tube est petit, de la grosseur d'un cigare, mais à cause de cette dimension, sa capacité de vide est trop petite, de sorte que, pour le rendre très pratique, on a dû latéralement le munir d'une ampoule.

Quelle que soit la forme du tube, il a toujours un inconvénient commun : sous l'action du courant électrique, le verre s'échauffe, se ramollit, devient poreux ou

Fig. 19. — Aspect d'une ampoule usée vue au microscope

plutôt, sous une épaisseur minime, acquiert la propriété d'absorber les gaz. Le peu d'air contenu dans l'ampoule est absorbé par ce verre qui, vu au microscope, présente l'aspect de la figure 19. Tous les petits bouillons qui se forment à l'intérieur du tube absorbent l'air qui subsiste dans le tube et empêche le courant de passer. De plus, le plateau cathodique ou aluminium s'altère sous l'action de l'énergie électrique et dépose sur le verre une poussière grise dont l'effet complique celui des bouillons du verre. Pour combattre ces inconvénients, dus à l'action des rayons ca-

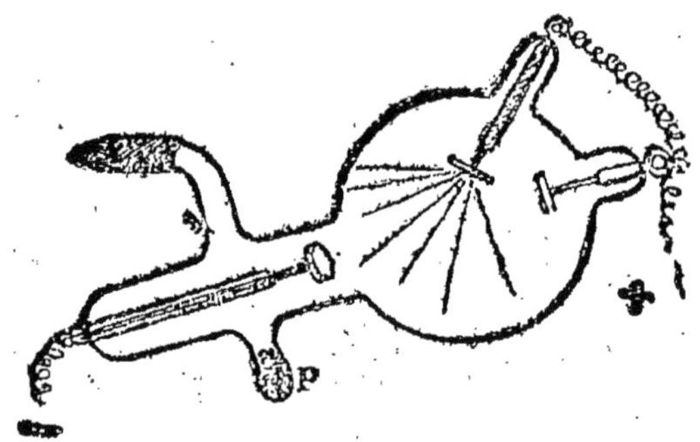

Fig. 20. — Tube de Crookes perfectionné en P. cristaux de potasse

thodiques, on a interposé un écran de platine qui réfléchit ces rayons en laissant passer les rayons X. C'est ce qu'on appelle les tubes *focus* (en latin, focus veut dire foer) ou à foyer (fig. 20).

La cathode —, au lieu d'être plate, est un petit miroir concave en platine qui concentre les rayons sur l'anticathode placée à 40 ou 45° de la surface d'émission. M. Collardeau a construit son tube avec des modifications qui en font un tube focus. La cathode remplit presque complètement le haut du tube (le petit espace ménagé est rendu nécessaire par la dilatation de la cathode qui sans cela briserait le tube). Le tube est court pour éviter les pertes d'énergie qu'une longueur trop grande produirait. La paroi anticathodale absorbant d'autant plus les rayons X qu'elle est plus épaisse, on a cherché à faire des tubes minces, tout au moins dans cette portion. Dans le tube focus, on a aminci l'anticathode seule; il y a là un moyen de meilleur rendement, mais le tube est plus vite hors d'usage. Les tubes à anticathodes minces se percent vite en ce point.

Les tubes, du reste, s'altèrent tous très rapidement; il faut une certaine expérience pour ne pas la jeter au rebut, alors qu'ils peuvent encore servir.

L'absorption des gaz par le verre ou par les parties métalliques des ampoules rendent les tubes « résistants » (le courant ne veut pas passer) : il produit alors une lumière tremblotante, ou même des étincelles entre toutes les parties d'objets bons conducteurs de l'électricité qui se trouvent à proximité. On remédie à ce défaut par deux moyens : ou l'on a des ampoules qui, sur l'une des parois, portent un petit tube qui, par un léger chauffage, dégage un gaz déterminé, ou l'on a une ampoule ordinaire. Dans ce cas, on chauffe tout doucement à la lampe à alcool l'ampoule en la portant à 200 ou 250°, pour chasser les gaz de l'anticathode.

Lorsqu'on a des tubes à ampoules à dégagement de gaz, on fait chauffer la petite ampoule qui contient un sel (du bicarbonate de potasse) à 50 ou 60° seulement.

On a proposé aussi l'emploi de l'anode de palladium qui absorbe les gaz et les résorbe par une douce chaleur.

Enfin, pour éviter la résistance et l'usure rapide des tubes, il faut prendre certaines précautions : quand il fait humide, si l'on ne peut se dispenser de radiographier ce jour-là, il faudra assécher la pièce où l'on opère, soit au moyen de poêle, soit au moyen de soucoupes remplies de chlorure de calcium sec disposées dans la chambre. Quand le platine de l'anode ou celui (dans les tubes focus) qui sert d'écran aux rayons cathodiques rougit, il faut arrêter le courant et ne recommencer que quelques minutes après.

§ 4. PRODUCTION DE L'ÉLECTRICITÉ POUR LA RADIOGRAPHIE. — Les moyens de production de l'électricité sont nombreux. Tout d'abord, il y a un moyen simple : celui de brancher, si on le peut, sur les conducteurs d'électricité pour l'éclairage que dans un grand nombre de villes des compagnies fournissent à bon compte. Dans ce cas, il faut prendre la précaution de faire passer le courant dans des appareils spéciaux qui régularisent le courant ou tout au moins le ramène à l'intensité voulue. Nous étudierons ce mode d'installation un peu plus loin.

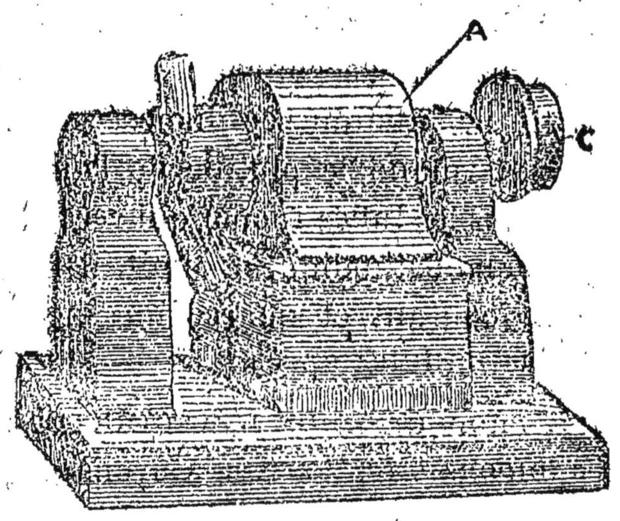

Fig. 21. — Machine dynamo Gramme

Il y a une méthode analogue, l'électricité étant produite comme par les compagnies d'éclairage à l'aide d'une dynamo actionnée par un moteur quelconque. Nous n'avons pas à expliquer en détail les diverses dynamos qui existent de par le monde, tous nos lecteurs savent ce que sont ces machines et dans les manuels d'électricité de cette Collection, on trouvera les détails complets sur ces machines. Nous nous contenterons de décrire la machine Gramme et surtout son principe (fig. 21). Cette machine est comme la bobine de Ruhmkorff, basée sur les phénomènes de l'induction. Si l'on fait tourner autour d'électro-aimants un ensemble de bobine de fil de cuivre, il se produit un puissant courant électrique. La machine de Gramme est donc composée d'un électro-aimant (A), d'un ensemble de bobines dit anneau de Gramme (B) (fig. 22), et d'un système permettant de faire tourner cette bobine (C).

L'anneau de Gramme ou induit est un cylindre de fer doux sur lequel s'enroule un fil de cuivre sans fin. On obtient pratiquement ce résultat en recouvrant un anneau de fil de fer par du fil de cuivre divisé en bobines dont la fin de l'une est soudée au commencement de l'autre. Plaçons un anneau de ce genre entre les deux pôles d'un électro-aimant et faisons tourner : il se produit un courant induit qui se divise en deux sortes, suivant que les spires de cuivre se trouvent au-dessus ou au-dessous du diamètre de commutation (li-

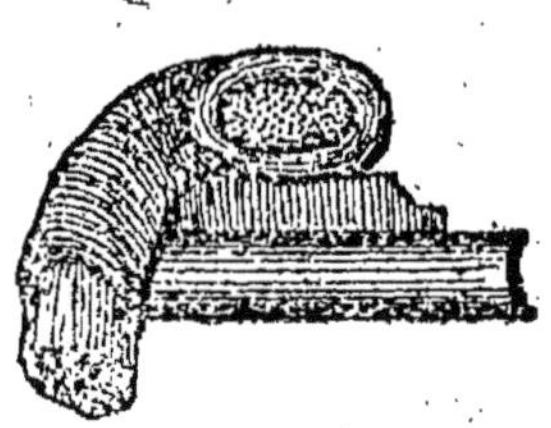

Fig. 22. — Anneau de Gramme

gne qui est le diamètre parallèle à la face de la machine passant par le pivot de l'anneau.

Un cylindre composé de lamelles de cuivre forme le cœur de l'anneau et sert à recueillir le courant. Pour cela on forme au moyen de fils de cuivre des sortes de brosses, et l'on en place une au-dessus du diamètre et l'autre au-dessous. Ce sont les deux balais qui recueillent le courant et les transmettent aux câbles métalliques qui l'envoient aux lampes ou aux moteurs.

Ainsi donc, une machine dynamo-électrique est composée essentiellement d'un électro-aimant artificiel, entre les pôles duquel tourne un anneau de Gramme. Maintenant, si les balais sons disposés de façon à transmettre toujours de l'électricité de même sens, on dira que la machine est à courant continu. Si le courant à chaque demi-tour de la bobine change de sens, on a une machine à courant alternatif; quelle que soit la machine, on peut redresser ou alterner le sens du courant, au moyen de commutateurs; mais un courant alternatif redressé est d'une intensité variable, qui à chaque demi-tour de la machine ou du maximum à son minimum est équivalent à zéro.

On peut encore se servir de l'électricité obtenue par les moyens précédents en la recueillant dans des appareils qui la mettent en réserve et qu'on nomme pour cette raison « *accumulateurs* ». Les accumulateurs sont formés de lames de plomb séparées par des bandes de drap ou mieux de celluloïd et couplées par paires. Ces lames de plomb sont placées dans des cuves rectangulaires qu'on remplit d'eau acidulée au 1/3 d'acide sulfurique (1). Lorsqu'on fait passer le courant électrique dans cet assemblage, le plomb se recouvre d'une couche d'oxyde. Si après avoir interrompu le courant, on relie les deux lames positive et négative par deux fils, on voit un dégagement de gaz se produire et le courant se fermer.

Enfin, la méthode dont on se sert le plus fréquemment est l'emploi des piles primaires. On sait que les piles de cette nature (ainsi appelées par opposition aux piles

(1) La composition exacte est ;

Acide sulfurique pur (ou au soufre)..	80 cmt
Eau distillée	200 —

secondaires ou accumulateurs) sont basées sur le fait découvert par Volta qu'un couple de zinc attaquable par un acide et d'un métal inattaquable à cet acide produit un dégagement d'électricité en même temps que le zinc est dissout par cet acide. Les premières piles étaient toutes formées de zinc *pôle négatif*, désigné par le signe — et de cuivre *pôle positif* représenté par le signe +. Le liquide qui attaquait le zinc était un mélange de 100 gr. d'acide sulfurique additionné de 1.000 gr. d'eau. Les piles de cette nature cessaient très vite d'être activés. Le zinc impur qui sert contient du plomb, de l'antimoine, du bismuth, de sorte que quelques minutes après la mise en action d'une pile, il se constitue sur le zinc des séries de piles positives et négatives, chaque parcelle de métaux formant un des pôles positifs. Les piles se polarisent donc et ne donnent plus de courant du tout. Pour remédier à cet accident, on commença par amalgamer le zinc avec du mercure. Puis, comme cette réforme était très insuffisante, parce que les bulles de gaz hydrogène (H) dégagé par l'action de l'acide sulfurique sur le zinc d'après la formule :

$$Zn + SO^3 HO = ZnO\ SO^3 + H$$

se portent sur le pôle positif empêchant tout courant de passer, on imagina ce qu'on nomme des dépolarisants.

On fit des piles composées de deux vases, l'un en biscuit poreux et l'autre en verre ou en terre vernissée. Le premier, beaucoup plus petit que le second, sert à contenir le pôle positif (une tige de cuivre rouge ou une lame de charbon de cornue) et le mélange dépolarisant. Dans le second, on met un cylindre ouvert de zinc amalgamé et l'eau acidulée. Le charbon de cornue, qui a été substitué au cuivre comme aussi bon conducteur et inattaquable aux acides, est le charbon qui se dépose dans les cornues des usines à gaz en blocs compacts d'une épaisseur variant entre un et dix centimètres.

Les piles sont fort nombreuses : les unes emploient le sulfate de cuivre comme dépolarisant (Daniell, Cailhaut), d'autres le sulfate de mercure (Marié-Davy, etc.), d'autres le peroxyde de manganèse (Leclanché), d'autres l'acide azotique (Grove, Bunsen, etc.), et quelques-unes les bichromates alcalins (Grenet, Krebs et Renard).

Pour obtenir l'intensité de courant nécessaire à la production des rayons X, on se sert généralement des piles aux dépolarisants très actifs (acide azotique ou bichromate, ou acide chromique).

PILE DE BUNSEN. — La pile de Bunsen (fig. 23), qui sert le plus souvent à cause de la modicité du prix de revient de son électricité et de son intensité, a l'inconvénient de produire une odeur très désagréable et malsaine. Elle est composée d'un vase non poreux contenant un cylindre de zinc amalgamé, au centre on met un vase poreux avec un bâton de charbon de cornue. Autour du zinc qui constitue le pôle négatif, on verse de l'eau acidulée. Autour du charbon, pôle positif, on met de l'acide azotique commun. Le courant de cette pile est très intense, et il suffit de six à huit couples zincs-charbons pour obtenir de

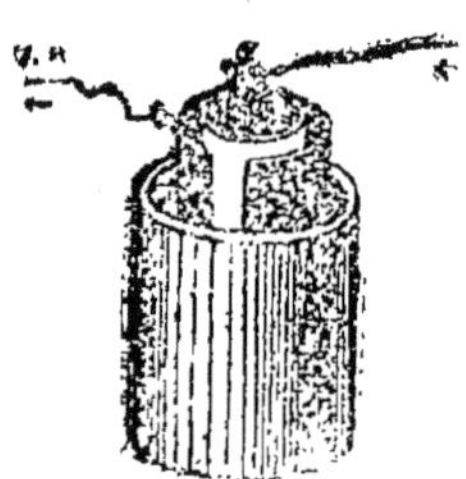

Fig. 23. — Pile de Bunsen

longues étincelles. Le seul inconvénient, nous l'avons déjà dit, de ce genre de piles est de répandre des vapeurs rutilantes d'acide hypoazotique qui prend à la gorge et est assez vénéneux. C'est pourquoi l'on préfère le genre de pile suivante :

PILE AU BICHROMATE. — Cette pile, composée comme la précédente en diffère par la composition du liquide qui sert à la fois comme excitateur et comme dépolarisant et qui se compose de :

Bichromate de sodium . . .	1 kilogr.
Acide sulfurique commun .	3 kilogr.
Eau.	10 litres

Ce mélange se fait en dissolvant le bichromate dans l'eau et après dissolution complète en ajoutant lentement et en remuant constamment l'acide sulfurique. Les piles au bichromate se font aussi, et le plus souvent, à un seul vase. La suppression du cylindre poreux rendant le courant plus énergique. Il faut de six à huit piles au bichromate pour la production des rayons X. Quelle que soit la pile employée, il faut réunir les couples en tension, c'est-à-dire que le premier zinc et le dernier charbon sont libres et servent à attacher les fils qui conduisent le courant. Le charbon de la première pile est relié au zinc de la seconde, le charbon de la seconde au zinc de la troisième et ainsi de suite.

§ 5. BOBINE DE RUHMKORFF. — Lorsqu'on a deux bobines (fig. 24), l'une creuse (A) dont le fil est long et très tenu, l'autre (B) dont le fil est gros et court, on peut pro-

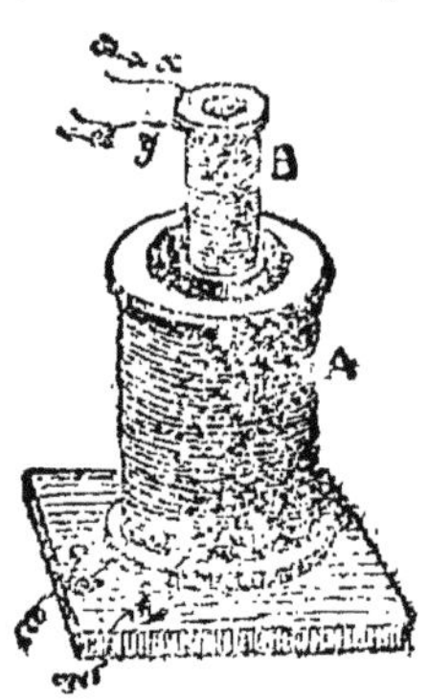

Fig. 24. — Théorie de l'induction

duire des phénomènes très curieux. Il est bien entendu que ces bobines en bois ou en carton sont entourées de fil de cuivre recouvert de gutta et de soie, et que chaque bobine porte un seul fil d'un seul morceau. Si l'on fait passer un courant électrique dans la bobine B, en la joignant par les fils x et y (les deux bouts de celui qui la recouvre) à une pile et que d'autre part on joigne les deux bouts du fil de la bobine A à un instrument qui révèle la présence d'un courant (galvanomètre), on reconnaît qu'à chaque introduction de la bobine B dans la bobine A il se produit un courant. Ce courant est appelé courant induit, tandis que le courant qui traverse la bobine B est la courant inducteur. Ce courant dure une seconde et l'on peut laisser les deux bobines l'une dans l'autre, le courant inducteur n'a d'action sur la bobine A qu'aux deux moments où l'on retire et où l'on met la bobine B.

Il y a d'autres moyens de produire des courants induits, notamment par l'introduction d'une tige d'aimant dans la bobine creuse, ou encore d'un barreau aimanté. Un barreau de fer doux s'aimante par le passage du courant et perd son aimantation à la cessation de celui-ci, c'est encore un moyen de produire des courants induits.

La bobine de Ruhmkorff est basée sur ce phénomène de l'induction. Construite par cet électricien, pour la première fois en 1851, sur les indications d'un professeur de Paris, elle réalise le moyen de produire des courants de haute tension analogues à

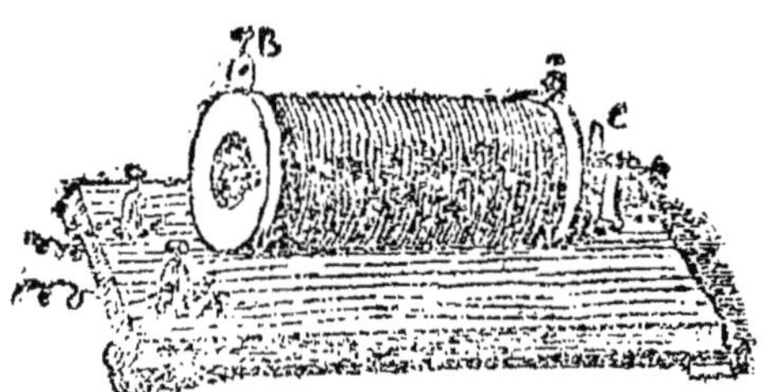

Fig. 25. — Bobine de Ruhmkorff

ceux des machines électriques à plateaux de verre ou à plaques d'ébonite ou de résine, analogues aussi à l'électricité atmosphérique, à celle qu'on soutire des nuages par la pointe de fer du paratonnerre.

La bobine de Ruhmkorff (fig. 25) est composée essentiellement d'un socle de bois ou d'ébonite sur lequel est monté : 1° l'ensemble inducteur et induit; 2° le marteau d'interruption du courant et 3° les bornes.

1. Les deux bobines induite et inductrice sont constituées comme nous l'avons dit plus haut. Mais l'inductrice est fixée à demeure dans l'induite. La bobine inductrice (intérieure) est recouverte de gros fil de cuivre ayant 2 millimètres de diamètre, la surface en est isolée par de la gutta et de la soie ou du coton. Au centre de cette bobine en D est un faisceau de fils de fer doux terminé par un bouton de même métal. La bobine induite (extérieure) est recouverte de fil de cuivre très fin et très long, isolé comme celui de l'autre bobine par de la soie et de la gutta.

On fabrique même les bobines plus simplement : sur une bobine creuse de bois ou de carton, on enroule d'abord le gros fil. On le recouvre d'une gaine de gutta ou de caoutchouc.

Par dessus, on enroule le fil fin qui constitue le moyen induit. Au centre, on place le faisceau de fer doux.

2. Le marteau interrupteur (fig. 26) est destiné à interrompre constamment le courant, de façon à produire le passage alter-

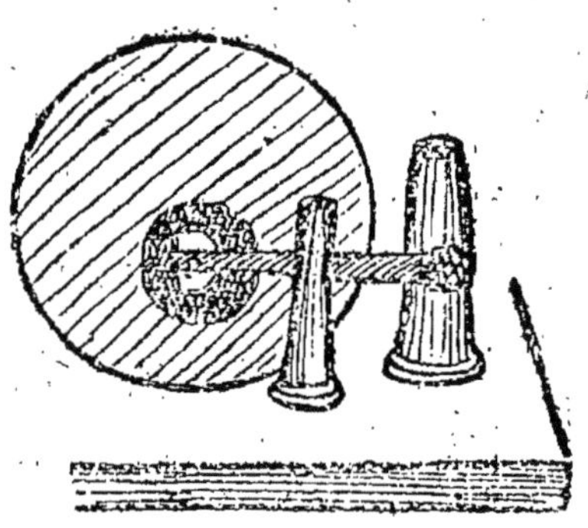

Fig. 26. — Interrupteur à marteau

natif du courant et obtenir le même effet que l'introduction à la main et le retrait de la bobine exposés plus haut.

L'aimantation du noyau de fer doux est effectuée par le passage du courant inducteur.

La forme de ce genre de marteau est variable : vertical ou horizontal, son effet est toujours le même. Dans les bobines très puissantes, l'interrupteur que nous venons de décrire est insuffisant; car il s'échauffe à tel point que le marteau se soude au faisceau de fer doux. C'est pourquoi

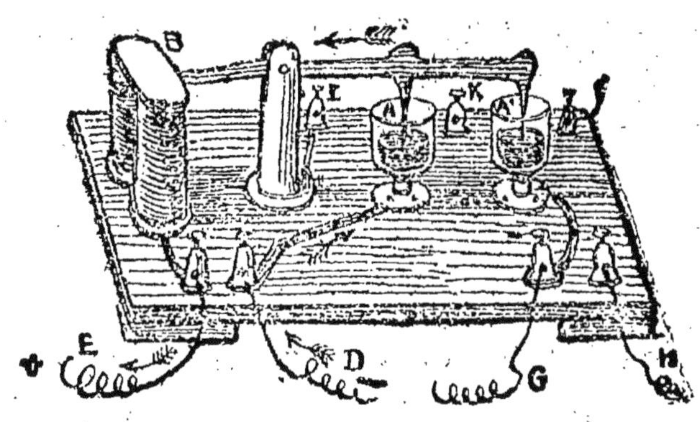

Fig. 27. — Interrupteur de Foucault

Foucault imagina un interrupteur à mercure (fig. 27). Cet instrument, indépendant de la bobine, fonctionne au moyen d'une petite pile indépendante aussi de la bobine. Il se compose de deux godets en verre (A, A') contenant du mercure recouvert de pétrole. Dans ce pétrole plongent deux lames de platine fixées au bras d'une tige de fer terminée par une plaque de fer doux B qui est posée au-dessus d'un électro-aimant (C). Le courant va de D au godet A, passe par le levier, aimante le plateau B qui s'appuie sur l'électro-aimant et revient à la pile par E. Mais la tige qui plonge dans le godet A en remontant interrompt le courant, l'aimantation de B cesse et la tige retombe. Le courant repasse et le même phénomène se produit avec une rapidité vertigineuse (50 à 80 fois par seconde).

Le courant inducteur est interrompu par ce système dans le godet A'. Il arrive par le fil G, traverse A' et sa tige de platine, traverse le levier et son support et ressort par la borne I pour se rendre à la bobine. Il est interrompu aussi souvent que le courant qui va de D à E.

L'interrupteur Foucault, ainsi que l'a démontré la pratique, présente quelques graves défauts auxquels les différents constructeurs d'appareils électriques ont cherché à remédier.

Plusieurs modèles nouveaux d'interrupteurs ont été présentés au monde scientifique.

Sans nous arrêter à les décrire tous, nous parlerons de l'interrupteur Radiguet que nous considérons comme le plus pratique, surtout quand on dispose comme source d'énergie, du courant fourni par une usine électrique.

Cet interrupteur dans lequel le mercure est supprimé présente l'avantage d'avoir des contacts en cuivre rouge. Au passage du courant, ou pour dire plus exactement, à la rupture du courant, il se produit entre les deux contacts une étincelle qui, isolée dans le pétrole, produit une décomposition homogène du métal sans en altérer la nature ainsi que cela a lieu dans les interrupteurs à mercure, dont l'un des contacts est en cuivre et l'autre le mercure.

Il s'ensuit que dans les conditions nouvelles, l'usure est très régulière et la marche de l'appareil est d'une régularité merveilleuse. Cet interrupteur permet d'obtenir le nombre d'alternances que l'on désire (fig. 28).

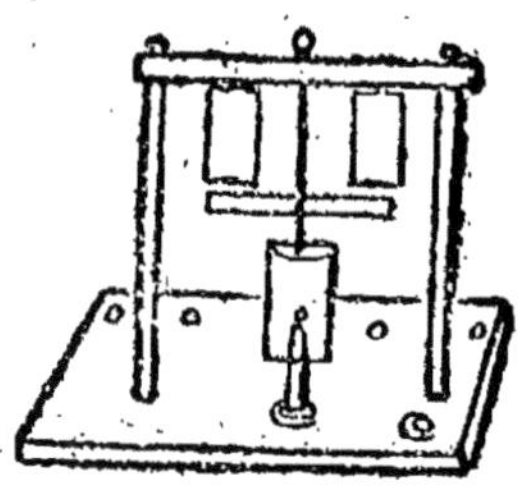

Fig. 28. — Interrupteur Radiguet

3. Les bornes sur lesquelles nous n'insisterons pas sont des petites pièces de cuivre forées et filetées au centre.

Elles sont forées aussi perpendiculairement au filetage et portent une vis A (fig. 29), qui permet de serrer les conducteurs pour éviter qu'ils ne sortent de cette borne.

Dans le chapitre IV, concernant la technique des rayons X, nous expliquerons l'emploi de la bobine de Ruhmkorff.

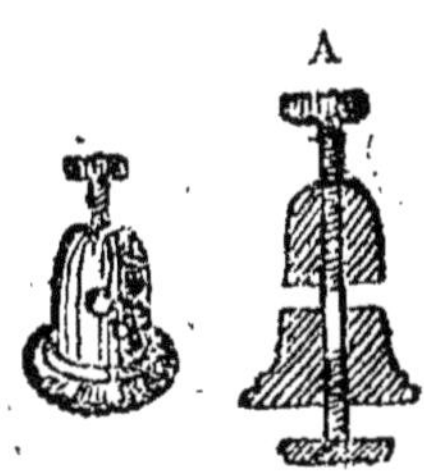

Fig. 29. — Bornes électriques

§ 6. ÉCRAN FLUORESCENT. — Les rayons X qui traversent un corps opaque à l'œil humain sont invisibles pour lui. Le squelette du corps qu'ils révèlent ne devient perceptible aux sens que lorsqu'on interpose entre la vue et l'objet un écran recouvert d'une substance qui, sous l'action des radiations de Rœntgen, s'illumine et devient, pour employer le terme exact, fluorescente. Cet écran (fig. 30), est un simple cadre de bois recouvert de calicot sur lequel on colle dans la partie intérieure limitée par le rebord en bois une feuille de papier. C'est là la partie matérielle de l'écran, mais pour qu'il devienne fluorescent sous l'action des rayons X, il faut recouvrir le papier d'une couche de sel susceptible de s'illuminer dans ce cas particulier. Le premier écran, le plus sim-

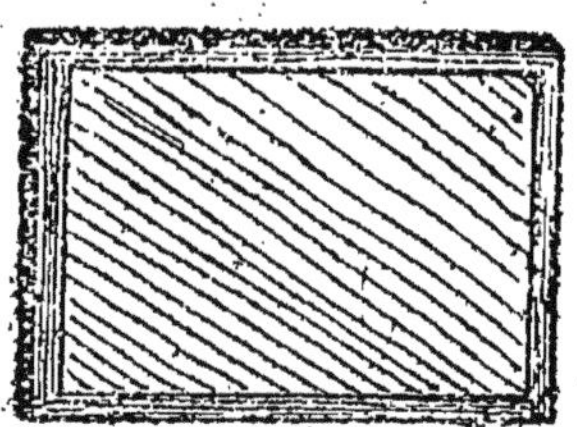

Fig. 30. — Ecran fluorescent

ple, quoiqu'il soit bien souvent défectueux, est celui qui est composé d'une simple feuille de papier de soie imbibée de pétrole commun. Mon Dieu, oui ! ce liquide bien connu et bon marché peut à la rigueur servir à confectionner un écran. Généralement, on désire des écrans aussi parfaits que possible, et pour cela on a recours à des produits chimiques coûteux. Sur la feuille de papier de soie avec un gros pinceau doux on fait un enduit de colle de pâte. D'autre part, on a pulvérisé, grossièrement, pour que le produit fluorescent soit à l'état cristallin et non en poudre, du platinocyanure de baryum ou de potassium. On le sème sur le papier de soie et on laisse sécher. A ce moment, il n'y a plus qu'à retourner l'écran sur une feuille de papier pour recueillir les parcelles de platinocyanure non adhérentes à la colle de pâte. Ces sels valent en effet de 2 francs cinquante à 3 francs cinquante le gramme et il serait fort coûteux d'en perdre. Les écrans sont d'un prix élevé à cause de cela. Le minimum de prix est, je crois, cinquante francs.

A côté du platinocyanure, il existe bien des produits ayant à peu près la même valeur comme action fluorescente, mais moins coûteux :

Le pentadecylparatolulcétone qui ne coûte que cinquante centimes le gramme et dont le prix ne peut que baisser, tandis que celui des platinocyanures ne fera qu'augmenter.

Le fluorure double de potassium et d'uranyle dont l'emploi ne s'est pas généralisé.

Le tungstate de calcium qui fut présenté, après d'autres, par Edison qui essaya à ce propos de s'attribuer un mérite quelconque dans la découverte de Rœntgen et aussi d'en tirer un profit monnayé.

On sait, depuis longtemps, que les sulfures de zinc, de baryum et de calcium absorbent la lumière solaire et la rendent ensuite. C'est avec ces substances qu'on fabrique les boîtes d'allumettes, les bougeoirs, etc., lumineux dans l'obscurité. M. Charles Henry reconnut que le sulfure de zinc était de plus fluorescent par l'action des rayons X. M. Niewenglowski fit la même observation pour le sulfure de calcium.

Le sulfure de baryum et celui de strontium ont également la même propriété.

On peut ajouter à cette liste les tungstate de zinc et de manganèse.

Un fait particulier à signaler, c'est que ces produits sont très peu fluorescents à l'état de pureté absolue, tandis qu'ils le sont beaucoup à l'état impur.

CHAPITRE IV

Technique de la Radiographie et de la Radioscopie

PRODUCTION DES RAYONS X. — Nous avons tout ce qu'il faut pour produire des rayons X et les étudier. Mais, en toutes choses, il faut tâtonner pour arriver à bien faire, et nous voulons éviter à nos lecteurs ces tâtonnements inévitables des débuts, source de tant d'ennuis et de déboires, cause de l'abandon d'une voie qui aurait mené souvent au succès et aux plus belles distractions. Le directeur de l'Institut radiographique du Mans, M. le docteur Boëtteau, a bien voulu nous indiquer le dispositif remarquable qu'il a pris et nous l'indiquons ici comme modèle, en adressant à M. le docteur Boëtteau nos remerciements pour les renseignements et documents précieux qu'il nous a procurés (1).

Le laboratoire radiographique est composé de deux pièces : un grand cabinet bien éclairé sert pour la production, le réglage et aussi pour l'accumulation de l'électricité. Une batterie de piles Bunsen est là prête à être chargée et à fonctionner. Une série d'accumulateurs attendent qu'on ait besoin de ses services. Enfin, de l'électricité produite par une dynamo sert le plus souvent. Elle est dérivée sur une série de rhéostats qui diminue son débit qui, sans cela, serait trop fort et brûlerait les bobines, casserait les ampoules et ferait

---

(1) Un certain nombre des planches radiographiques de ce volume ont été exécutées sur les clichés de M. le docteur Boëtteau que nous remercions vivement de son concours.

toutes sortes de mauvais tours de cette nature. Le rhéostat (fig. 31) est un instrument particulier, composé d'un prisme creux, formé de quatre baguettes d'ébonite montées sur huit autres baguettes. C'est le cadre du rhéostat (A) qui porte le fil de fer ou de maillechort dans lequel le courant

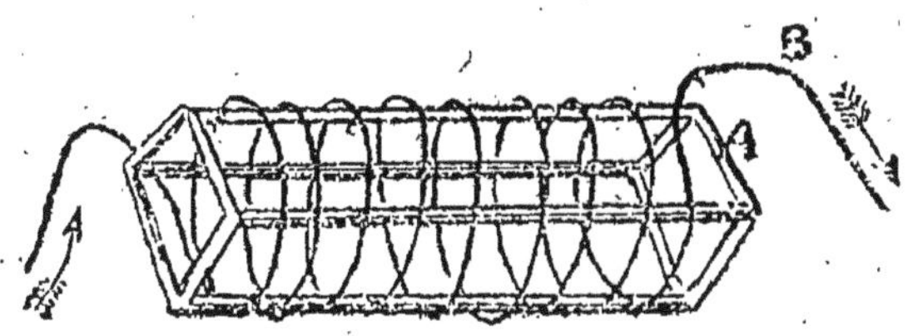

Fig. 31. — Rhéostat

doit passer avant d'arriver à la borne. Lorsque le rhéostat est moins fort, on le forme simplement d'un fil de fer enroulé en spire, absolument comme un ressort à boudin. Le courant sorti du rhéostat a perdu une partie de son intensité, il passe donc par des fils de cuivre dans la pièce voisine. Il arrive sur un tableau formé par une plaque de marbre muni d'un certain nombre de bornes permettant l'introduction de coupe-circuits sur le parcours du courant (fig. 32). Ces coupe-circuits sont tout simplement des petits fils de plomb d'un diamètre déterminé et d'une longueur qui n'excède pas 2 centimètres qu'on pla-

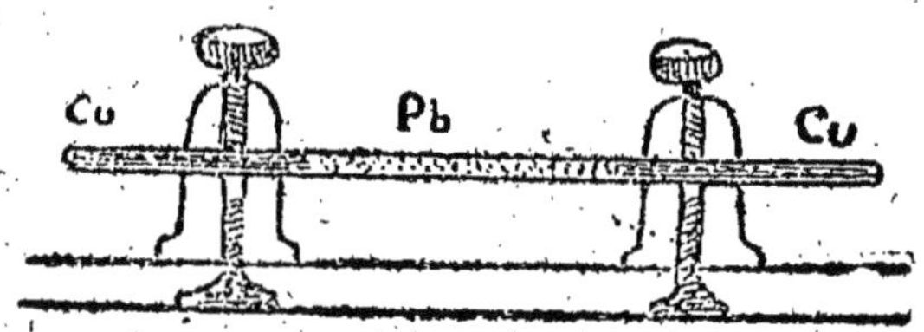

Fig. 32. — Un coupe-circuit

ce entre deux bornes sur le passage du courant. Le plomb offre une certaine résistance au passage de l'électricité, fond à une température relativement basse (320°). Il y aura donc par suite de la résistance échauffement plus rapide du plomb que du cuivre et il fondra dès que cette chaleur se produira, c'est-à-dire avant que le cuivre ne devienne brûlant. Grâce à ces résistances, on a donc la certitude de ne pas détériorer les instruments par une intensité de courant trop forte. De plus, la gutta et la soie qui recouvrent les fils de cuivre ne peuvent être ni fondues ni brûlées par suite de l'interposition de ces petits fils de plomb. Le courant devient-il trop intense, on entend un petit pétillement, une étincelle jaillit et le fil complètement fondu tombe sous forme d'un petit grain de plomb.

Après avoir traversé le fil de cuivre et les coupe-circuits, le courant arrive à la bobine de Rhumkorff en passant par l'interrupteur qui peut être celui de Foucault, mais qui est le plus souvent l'interrupteur d'Arsonval. M. Rochefort, le fils du célèbre journaliste, savant émérite, dont les inventions ont été trouvées jusqu'ici fort remarquables, a découvert une autre forme d'interrupteur qu'on peut se procurer chez les spécialistes. Les radiographes disent que cet interrupteur est un pas en avant. Avec l'interrupteur de Rochefort, il suffit de 20 secondes de pose, là où auparavant il en fallait quarante. De l'interrupteur (quelqu'il soit) le courant passe dans la bobine de Rhumkorff, d'où il sort transformé en courant de haute tension et se rend par des fils à l'ampoule de Crookes.

On a disposé sur un pied d'un genre un peu spécial l'ampoule pour qu'elle puisse par sa position permettre d'explorer le corps humain. Ce pied (fig. 33) est une tige de bois portée sur un trépied. On dispose le long de cette tige à la hauteur désirée une petite pince serre-joint (dont nous donnons le détail dans la figure) qui porte en A une tige en bois terminée par une mâchoire (deux demi-cercles en bois) qu'on peut serrer à volonté à l'aide de la clef filetée qu'on y peut voir.

L'ampoule est disposée, protégée par une bande de ouate entre les deux mâchoires. Sur le faîte du support (en B), on dispose une planchette munie de trois petits tasseaux qui permet de placer les fils sans risquer de les emmêler et surtout sans avoir la crainte de les voir frotter l'un contre

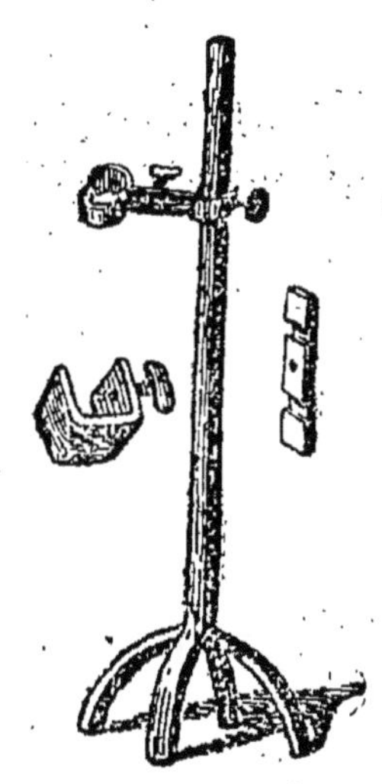

Fig. 33. — Support pour ampoule de Crookes

l'autre ; ce qui pourrait causer des accidents regrettables, pour peu que les fils soient mal isolés par la gutta.

Les fils sont tendus du tableau jusqu'à la planchette B et maintenus écartés par celle-ci ; on les accroche alors après l'ampoule : le fil négatif à la cathode, le positif à l'anode.

On ferme les rideaux épais dont la pièce doit être munie pour enlever la clarté qui empêcherait de faire l'examen radioscopique convenablement. La pièce sera donc aussi obscure que possible. On fera passer le courant. En cet instant, il peut se produire un fait particulier que les débutants dans l'étude des rayons X pourraient être surpris de voir. Quoique le courant passe, le tube s'illumine mal ou ne s'illumine pas du tout. Cela se produit surtout par les temps humides : on aperçoit alors une sorte de phosphorescence, une atmosphère lumineuse, si je peux ainsi m'exprimer, qui entoure les deux fils. On voit nettement cette lueur cheminer sur les fils, l'une allant vers le tube et l'autre en revenant. Il ne faut pas s'effrayer de ce phénomène mais chercher à diminuer sa production qui est causée par l'humidité de l'air. On y parviendra en partie en disposant dans le laboratoire deux ou trois soucoupes remplies d'acide sulfurique et en chauffant légèrement à la lampe à alcool le tube de Crookes. Ces précautions prises, le courant passera; mais, pour obtenir un débit régulier, une fluorescence toujours égale, sans à-coup, il est quelquefois nécessaire de procéder à une petite opération : on renverse le sens du courant, c'est-à-dire qu'on attache d'abord le fil négatif à l'anode et le positif à la cathode, on établit les contacts pendant quelques instants, une minute par exemple, et on arrête le débit. On remet dans l'état voulu : fil négatif à la cathode et fil positif à l'anode, et la séance peut commencer.

Malgré toutes ces précautions, il peut arriver qu'un tube ne veut pas s'illuminer : il donnera quelques stries verdâtres, puis s'éteindra pour recommencer pas saccades. Il faudra alors chauffer le tube. Si cette précaution ultime ne réussissait pas, il n'y aurait qu'à mettre le tube de côté et en prendre un autre. Ces ampoules sont capricieuses, surtout lorsqu'elles ont servi depuis quelque temps. On est bien souvent obligé de céder à ces caprices dont les causes échappent souvent à notre raison. Il faut, pour obtenir des résultats ici comme en toutes sciences, beaucoup de patience et de persévérance. Ne pas se rebuter aux premières difficultés, les combattre, chercher à deviner leurs causes et leurs remèdes et appliquer ceux-ci.

Si les coupe-circuits viennent à fondre, les remplacer. Après quelques minutes d'ennui, on aura les satisfactions des premiers succès.

Supposons que l'ampoule fonctionne bien et que l'électricité soit docile, nous avons deux moyens d'observer l'action des rayons X. Ou plus exactement un moyen d'observation : la radioscopie et un moyen d'enregistrer les constatations radioscopiques : la radiographie. La radioscopie devra donc toujours être utilisée, elle sera seule dans le premier cas, elle sera suivie de la photographie dans le second.

RADIOSCOPIE. — L'ampoule fonctionnant bien, on interposera entre elle et l'observateur l'objet à étudier. On pourra, grâce à

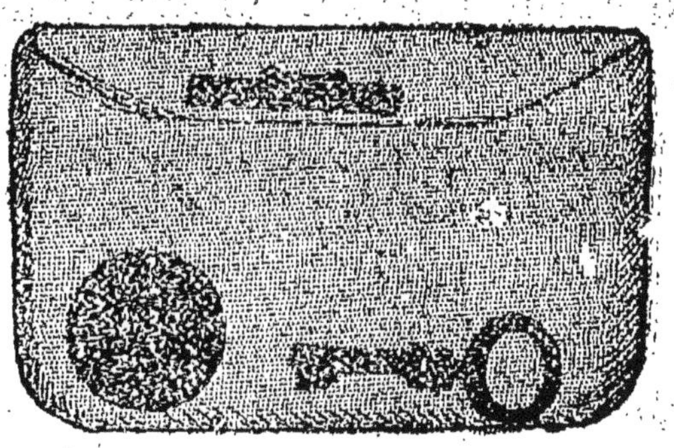

Fig. 34. — Portemonnaie officier contenant une clef et un sou

l'action des rayons X et en ayant soin de placer entre sa vue et l'objet un écran préparé comme nous l'avons dit au chapitre précédent, distinguer les objets cachés dans l'intérieur d'un corps opaque, dans une bourse, dans une boîte de bois, à condition toutefois que ces objets soient plus opaques aux rayons X que la boîte ou la bourse. Prenons un portemonnaie (fig. 34), une clef, une pièce de monnaie seront visibles, tandis qu'un billet sera tellement bien traversé par les rayons X qu'on ne le verra nullement. Pourtant, dans certaines circonstances, on a pu distinguer en ombres plus légères, les plis dudit portemonnaie.

RADIOGRAPHIE. — L'examen radioscopique étant terminé, on peut passer à la partie radiographique. On arrête le courant et l'on va chercher dans une autre pièce (car il faut bien se garder de conserver des plaques sensibles dans la pièce où l'on opère) les châssis contenant celles-ci.

Nous croyons ici nécessaire d'ouvrir une grande parenthèse pour donner des détails sur une partie du matériel que nous n'avons pas étudiée plus tôt, parce qu'elle est spéciale à la partie photographique du travail. Le matériel photo-radiographique se compose essentiellement : 1° de châssis négatifs spéciaux; 2° de caisses en bois recouvertes complètement de lames de plomb; 3° de plaques photographiques et 4° de ce qui est indispensable pour le développement et le tirage des clichés.

1. *Le châssis négatif.* — Ce peut être tout simplement une grande feuille de papier noir à aiguille dans laquelle on enveloppe aussi complètement que possible la glace sensible. Cette opération se fait dans une pièce complètement obscure et éclairée seulement à la lumière rouge d'une lanterne photographique (1). Cette méthode a des inconvénients : le papier noir peut se déchirer, ou par des piqures invisibles laisser passer un peu de lumière. Les clichés ne seront jamais bien nets, les rayons X traversant la glace sensible et passant au-delà avec une certaine puissance, puisque

(1) Voir notre *Manuel pratique du Photographe amateur,* paru dans cette Collection.

l'on peut très bien impressionner une centaine de plaques sensibles placées les unes sur les autres. L'emploi des châssis négatifs ordinaires (à condition de ne mettre qu'une plaque par châssis) n'aurait que le second inconvénient. Cet inconvénient, qui augmente considérablement la pose, a été combattu victorieusement par le dispositif suivant trouvé par Ducretet : son châssis est composé d'un cadre à feuillure dont le fond est constitué par une feuille de plomb qui ne laisse pas passer les rayons X.

Sur cette feuille de plomb, on pose la glace sensible et au-dessus on pousse le volet en aluminium de 2 dixièmes de millimètre, qui permet d'appliquer le châssis sur l'objectif ou la personne à radiographier et d'obtenir ainsi le maximum de netteté.

2. — Si l'on veut avoir dans la pièce où l'on opère quelques châssis prêts à servir, il est nécessaire de les conserver dans une caisse en bois ou en métal garnie de lames

de plomb de tous côtés. Sans cette précaution, les glaces sensibles seraient voilées par les rayons X.

3. — Les plaques sensibles se trouvent toutes préparées dans le commerce; nous conseillons en passant les plaques Lumière. Ces plaques sont composées d'une lame de verre de dimension voulue sur laquelle est coulée une couche régulière du produit dénommé gélatino-bromure d'argent qui est une émulsion de gélatine et de bromure d'argent obtenue par des méthodes dont on trouvera l'exposé complet dans notre Manuel de Photographie précité.

Ces plaques sont extrêmement sensibles à la lumière, quelques centièmes de seconde suffisent pour les impressionner. C'est pourquoi l'on est obligé de ne les sortir de leur boîte pour les mettre dans leurs châssis à une lumière inactinique, c'est-à-dire sans action sur elles. La lumière d'une bougie renfermée dans une lanterne dont le verre est rouge rubis foncé ou vert sombre, est seule possible : le rouge devra être préféré au vert comme risquant moins de voiler le gélatino-bromure.

On a donc chargé un ou plusieurs châssis dits négatifs (c'est-à-dire destiné à contenir des plaques sensibles) et on est revenu dans le cabinet de travail où est le tube de Crookes.

On dépose les châssis dont on ne veut pas se servir tout de suite dans la caisse à parois de plomb et l'on n'en conserve qu'un qu'on appliquera le long de l'homme ou de l'objet à étudier.

4. — Supposons que nous voulions radiographier une main. Nous ferons placer cette main sur le volet d'aluminium du châssis, celui-ci étant placé par terre ou sur une petite table. Au-dessus, on place l'ampoule, de façon que le plateau de la cathode (voir figure 35) soit parallèle et la tige cathodique perpendiculaire au volet du châssis. Le pied dont j'ai donné la description plus haut, d'après M. le docteur

Boëtteau, est à rotules et charnières, ce qui permet, sans déranger les conducteurs, de placer la cathode perpendiculairement, parallèlement ou obliquement au sol.

Fig. 35. — Position de l'ampoule par rapport au châssis

Si l'on avait à photographier un thorax, l'ampoule placée comme il faut, la personne devant l'ampoule, on n'aurait qu'à faire tenir un châssis appuyé sur le patient par un aide pour pouvoir opérer. Quelques radiographes préfèrent faire coucher sur un canapé la personne après avoir mis le châssis entre elle et le canapé. Dans tous les cas, il faudra veiller à ce que la tige cathodique soit bien perpendiculaire au châssis.

En radiographie, on ne peut pas songer à utiliser la chambre noire et son objectif. Insistons vivement là-dessus : les radiations X ne sont pas *une lumière, c'est une énergie* très différente qui ne ressemble pas plus à l'énergie solaire qu'à la force électrique. Si l'on ne veut pas propager des idées fausses, on doit dire l'énergie Rœntgen, comme on dit l'énergie lumineuse, l'énergie électrique, etc. Le mot même de rayons est mauvais, employé dans ce cas, car il contribue à répandre cette erreur : on devrait bien plutôt dire les *vibrations X* car, comme pour toute force, l'énergie de Rœntgen est composée de vibrations. Ces vibrations se distinguent de celles optiques et acoustiques, elles ne se reflètent pas, elles ne se réfractent pas, les métaux opaques pour elles les absorbent, les éteignent sans qu'on puisse en retrouver trace (ou plutôt on sait par des expériences que ces vibrations s'éteignent en partie sous forme d'électricité).

Ce que nous reproduisons sur la plaque est une silhouette et non une photographie au sens propre du mot. Or, en silhouettographie, si l'on veut le maximum de netteté, il faudra que la lumière soit assez près, qu'elle soit bien dans le plan perpendiculaire à l'écran où se projette les ombres.

Les déformations comiques sont produites par un déplacement de la lumière. Dans l'angle d'une pièce, en plaçant la lumière convenablement, vous pourrez produire des nez gigantesques. Eh bien ! le châssis étant oblique à la cathode vous produira ces déformations et c'est ce qu'il faudra éviter avec soin.

Maintenant, illuminons notre ampoule en mettant les contacts au point voulu et radiographions cette main qui nous attend pendant notre digression. Le temps de pose est très variable; il dépend de trois facteurs :

1° La force électromotrice et la bobine;

2° L'ampoule;

3° La sensibilité des plaques.

De ces deux derniers facteurs, il n'y aura pas lieu de trop se préoccuper, si l'on emploie des ampoules construites par des maisons françaises sérieuses et bien connues et si les plaques sont de maisons également connues. Nous ne voulons citer aucun nom, car, pour ne pas commettre d'injustice, il faudrait une page entière.

Quant au premier facteur, on l'évalue par la longueur des étincelles produites par la bobine. Avec des étincelles de 40 à 50 centimètres de longueur, le temps de pose variera selon l'opacité ou l'épaisseur de l'objet de quelques secondes à une demi-heure. Avec les tubes focus, le temps de pose est plus court qu'avec les autres, il est trois ou quatre fois moindre. Du reste, ici comme dans la photographie ordinaire, un excès de pose est préférable à un manque de pose. Un couteau, un sou photographiés dans du papier noir ne demandent que 30 secondes à 2 minutes de pose. Il faut au moins trois quarts d'heure pour radiographier un thorax. Avec des étincelles de 50 centimètres une main peut être photographiée en une minute.

Dès que le temps de pose semble suffisant, on arrête le courant, on attend quelques secondes avant de retirer le châssis pour éviter le voile qui pourrait se produire par suite de productions de rayons secondaires résultant de l'échauffement de l'ampoule.

On peut alors passer à la série des opérations photographiques proprement dites.

5. *Le développement.* — Celui-ci, qui a pour but d'obtenir le cliché au moyen duquel on pourra tirer autant d'épreuves photographiques qu'on en a besoin, se fait

dans une pièce complètement obscure dans laquelle on s'éclaire au moyen d'une lanterne bien étanche qui ne laisse passer la lumière qui filtre qu'au travers d'un verre rouge rubis. Ces lanternes se trouvent chez tous les marchands d'appareils photographiques. La plus simple et la moins coûteuse est la lanterne demi-ronde.

Lorsque dans le laboratoire, à l'obscurité complète que la lanterne rouge éclaire seule, on regarde la plaque, on remarque qu'elle est en tous points semblable à une autre, qui n'a pas subi l'action de la lumière. C'est que cette action pour être profonde et réelle, n'en est pas moins invisible ; le bromure d'argent a été modifié par la lumière, qui a converti en sous-bromure tout ce qu'elle a touché et proportionnellement à son intensité. C'est pourquoi cette impression invisible est dite impression latente (cachée).

Les opérations qui suivront auront donc pour but d'abord de faire paraître cette image, puis de la rendre aussi peu altérable que possible aux actions extérieures.

Le cliché sera plongé dans un premier bain qui convertira tout le bromure d'argent impressionné par la lumière en argent métallique qui, à l'état de division extrême, est noir. Cette opération s'appelle le développement, et le bain qui sert à cet usage s'appelle révélateur ou développateur.

Dès que l'image sera complète, et on le reconnaît facilement à ce qu'elle est bien visible par transparence, on la retire du bain pour passer à l'opération suivante. On ne doit, du reste, cesser le développement que lorsque les grands noirs du clichés sont visibles à l'envers sur le fond crémeux, ou lorsque les blancs ont l'air de se teinter un peu.

On lave alors dans une cuvette d'eau, puis on passe à l'opération suivante, qui fera disparaître tout le bromure d'argent non altéré par le révélateur. Cette opération est appelée fixage : elle consiste à plonger dans une solution saline appropriée le cliché dont la gélatine est dépouillée de son bromure d'argent quand la teinte crémeuse du dos du cliché a complètement disparu. A partir de ce moment, on peut travailler à la lumière du jour.

On met le cliché, gélatine en dessus, dans une cuvette avec de l'eau, on change à deux ou trois reprises cette eau, puis on laisse sous un robinet pendant au moins une heure. Ensuite, le cliché lavé sera mis à sécher à l'abri de la poussière, et enfin on pourra s'en servir pour l'obtention d'épreuves positives.

Le développement se fait en plongeant le cliché dans un bain qui doit le recouvrir complètement pour éviter que des parties soient moins intenses que d'autres.

Pour cela, on se sert de cuvettes rectangulaires et plates de dimensions appropriées au cliché à traiter. Elles ont généralement 2 centimètres de plus sur chaque sens que la glace sensible employée. On a préparé d'avance un bain dont voici la formule qui constitue le révélateur et que je préconise :

Eau.	100 cm³
Carbonate de soude.	7 gr. 5
Sulfite de soude.	15 gr.
Hydroquinone.	1 gr.

On fait dissoudre les carbonate et sulfite de soude dans l'eau tiède et on ajoute gros comme une tête d'épingle d'éosine, de façon à colorer le liquide en rose clair. Quand ces sels sont fondus, on ajoute l'hydroquinone et on laisse dans un flacon bouché à l'émeri. Il faut plusieurs heures pour que ce corps soit dissous. Il sera même préférable d'attendre toute une journée avant de s'en servir. Il sera bon de ne pas confondre le sulfite de soude avec l'hyposulfite, qui rendrait le bain absolument inutilisable. Quant au carbonate, celui que les épiciers vendent est bon, à condition de ne prendre que les cristaux bien transparents et non effleuris. On préparera trois flacons de ce révélateur et dans le premier on ajoutera un peu de bromure de potassium (environ gros comme un grain de blé), ou mieux on laisse le flacon découvert pendant quelques heures, ce qui diminuera la force du bain. Plus le révélateur servira et moins il sera actif. On s'arrangera toujours de façon à avoir un bain peu actif, que j'appelle bain vieux; un bain n'ayant que peu servi ou bain moyen, et le troisième entièrement neuf.

Vous avez fait un cliché dont vous ne connaissez pas la pose : vous ignorez s'il est bien, trop ou trop peu posé. Vous le développez avec le bain moyen; s'il est bien posé, au bout de quelques minutes, les grands noirs se dessinent et vous n'avez qu'à le développer dans ce bain.

S'il est trop posé, tous les noirs viendront rapidement, les demi-teintes venant presque en même temps. Mettez-le alors dans le bain vieux, et quand le cliché est complètement venu, relevez l'intensité des noirs avec le bain moyen pendant quelques secondes.

Enfin, s'il manque de pose, et qu'après 10 à 15 minutes de séjour dans le bain moyen rien ne se décide à paraître, plongez dans le bain neuf qui, en 5 minutes fera paraître l'image qui, en 10 minutes sera complète. Si le cliché est rose, il ne faut pas s'en inquiéter, cette teinte disparaissant au lavage final.

On peut remplacer ce révélateur par ceux tout préparés de Reeb ou de Mercier. Quelques opérateurs préfèrent le bain suivant qui est plus rapide mais peut être moins facile à conduire :

Eau distillée	1 litre
Sulfite de soude.	120 gr.
Carbonate de soude.	50 gr.
Hydroquinone	5 gr.
Métol	8 gr.

Avec ce révélateur, il faut trois fois moins de temps pour développer un cliché; mais, à cause de cette rapidité, les clichés sont quelquefois gris, ce qui est un défaut que la radiographie a tendance à produire. Il faudra donc ne se servir de ce bain que lorsqu'on y aura ajouté une pincée de bromure de potassium en poudre. Dans la préparation du bain au métol ci-dessus, il faut éviter de dissoudre les sels à chaud, autrement on aurait une abondante cristallisation plutôt nuisible.

6. *Fixage.* — Lorsque le cliché est sorti du bain de développement, sa surface gélatineuse est composée de gélatine dans laquelle est disséminé l'argent métallique qui forme les réserves et partout où il n'y a pas eu réduction de bromure d'argent, ce corps reste aussi sensible à la lumière qu'avant l'opération.

Si dans ces conditions on exposait le cliché à la lumière, il est certain qu'il noircirait complètement et ne serait pas longtemps utilisable. C'est pourquoi, au sortir du bain de développement, il faut procéder à une opération qui, dans la gélatine du cliché, enlève tout ce qui est sensible à la lumière : le bromure d'argent, et laisse *autant que possible* tout le reste, c'est-à-dire gélatine et argent métallique.

Dans ce but, on se sert de solutions d'hyposulfite de soude. Celui-ci est un sel cristallisé, très soluble dans l'eau qui en dissout à peu près son poids. On le prépare très facilement dans l'industrie en faisant bouillir dans des solutions saturées de chaux éteinte de la fleur de soufre ; on abandonne ce mélange à l'air, et quelques jours après on filtre et on verse dessus une solution de carbonate de soude : le carbonate de chaux se précipite et il reste de l'hyposulfite de soude qu'on fait cristalliser.

L'hyposulfite coûte très bon marché, dissout rapidement les sels haloïdes d'argent (bromure, iodure et chlorure), n'attaque que lentement l'argent métallique des noirs et ne dissout pas, ou si peu qu'il est inutile d'en parler, la gélatine. De plus, ce sel n'est pas vénéneux : on s'en est servi en médecine à la dose de 30 à 100 grammes par jour comme antiseptique des voies pulmonaires. On ne craint donc pas de s'empoisonner avec l'hyposulfite.

Pour le fixage des clichés, on fait dissoudre dans un litre d'eau 200 gr. de ce sel, soit le bain :

Hyposulfite de soude.	20 gr.
Eau	100 cm3

On agite la bouteille avant de s'en servir si l'on veut avoir un fixage constamment régulier.

Pour fixer, on verse sur le cliché une quantité suffisante pour le couvrir d'un millimètre de liquide au moins et on remue. Au bout de cinq minutes, on s'assure que toute trace blanchâtre a disparu au dos du cliché. On laisse encore quelques instants après la disparition complète du bromure d'argent et on met dans une cuvette d'eau claire, qu'on change trois ou quatre fois. Puis on place sous un robinet d'eau courante pendant une heure au moins et deux heures au plus.

7. *Lavage.* — Ces lavages se font en pleine lumière. Ils ont pour but d'éliminer jusqu'aux dernières parcelles d'hyposulfite qui est un allié bien dangereux pour les photographes. En effet, si les clichés et les épreuves passent, jaunissent, c'est grâce à lui. Se décomposant très facilement en contact avec des substances organiques et en présence d'un acide, il donne un précipité de soufre qui peu à peu fait passer l'argent qui forme les noirs de l'image à l'état de sulfure noir; ce sulfure s'oxyde assez vite, prenant une teinte jaune, puis blanche.

8. *Finissage du cliché.* — Le cliché, constitué par de la gélatine, est assez facilement

altéré : la gélatine moisit à la moindre humidité. C'est pourquoi, quand le cliché est bon, on doit lui faire subir une opération tendant à rendre la gélatine imputrescible. On se sert pour cela du formol (adélhyde formique) qui a la propriété de rendre la gélatine insoluble. Dans une solution à 5 % de formol, on met le cliché lavé comme nous venons de le dire et on l'y laisse cinq minutes, on relave à l'eau courante, on fait sécher et le cliché est terminé et prêt à être tiré.

9. *Tirage des épreuves.* — Dans le cliché que nous venons de terminer, il y a des blancs, des noirs, des gris, mais ce qui est réellement noir dans le cliché sera blanc; ce qui est transparent y est noir. C'est ainsi que dans le cliché d'une main radiographiée on voit que la partie non protégée par la main devient noire, que les chairs sont reproduites en grisaille d'autant plus claire que la chair est moins épaisse et que les os complètement opaques viennent

blancs. Il est nécessaire, pour obtenir la reproduction exacte de la nature, d'avoir les nuances juste inverses : le noir viendra blanc; le gris, gris; le blanc, noir. C'est le rôle du tirage de l'épreuve positive.

Voici le mode opératoire :

On se procure un instrument qu'on appelle un châssis positif et qui sert à « tirer » les épreuves positives. C'est essentiellement un cadre de bois sur lequel sont fixées deux barres. Du côté opposé à ces deux barres, il y a deux « ponts » sous lesquels s'accrochent ces barres. A l'intérieur du cadre, un petit rebord sur lequel s'appuie dans certains cas une glace, permet d'y placer le cliché négatif. Sur ce rebord est posée une planchette fendue en deux et réunie par une ou deux charnières.

Pour se servir de cet ustensile, il suffit de placer le cliché négatif, côté gélatiné en dessus, sur la glace ou le rebord du châssis (le côté brillant est celui du verre);

par-dessus on met le papier sensible, côté sensibilisé en contact avec la gélatine du cliché. Par dessus quelques feuillets de papier noir et le volet. Les barres étant rabattues, le tirage pourra s'effectuer.

Pour suivre la venue de l'image, il suffit de retirer l'une des barres qui presse le papier contre le cliché, de lever le côté du volet sur lequel vient se poser cette barre et examiner la moitié de l'épreuve démasquée de cette façon. Il faut éviter de remuer trop vivement le papier sensible pendant cet examen, car on pourrait déplacer le cliché ou le papier sensible et produire une image double ou floue.

Ce tirage, pour les papiers à noircissement direct (albumine, citrate, salé et ferro-prussiate), s'effectuera soit au soleil, soit dans une lumière très vive sans soleil si le cliché est dur; à l'ombre, si le cliché est léger ou faible. On aura soin de placer tout le châssis dans une lumière égale pour éviter des parties plus impressionnées que d'autres. Il faudra ne pa laisser les châssis à l'humidité; par exemple, ne pas les exposer en pleine lumière de grand matin par la rosée ou la pluie, sous peine de perdre cliché et épreuve.

Si cet accident venait à se produire, on pourrait peut-être (et seulement avec les papiers au citrate) sauver le négatif en enlevant d'abord toute la partie du papier sensible non adhérente au cliché, ensuite en plongeant dans une cuvette d'eau et, enfin, en enlevant avec soin le gélatino-citrate collé après le cliché.

§ 1. *Papier à l'albumine.* — Ce papier, qui se trouve tout préparé dans le commerce, a l'inconvénient de ne pas se conserver. Il exige de très bons clichés, ceux qui sont défectueux donnant des tons gris ou ternes. Il faut le tirer bien plus intense qu'on doit l'avoir après le virage et le fixage. Dès qu'il est à point, on le lave à l'eau claire pendant un quart d'heure, puis on le vire dans un bain contenant 1 gr. de chlorure d'or par litre d'eau distillée et un produit destiné à neutraliser le sel d'or.

Ce produit est soit de l'acétate de soude (10 grammes par litre), soit du borax (20 grammes pour un litre), soit de l'acétotungstate de soude (40 grammes pour un litre). Le produit à préférer est la craie lavée (25 grammes pour un litre), qui, seule, permet d'obtenir des bains inaltérables et ne s'épuisant que par l'usage. Quand l'épreuve a la teinte voulue, on la relave pendant une demi-heure à l'abri de la lumière puis on fixe dans un bain à 15 % d'hyposulfite. Il faut surtout éviter que l'hyposulfite touche au virage à l'or qui serait perdu.

§ 2. *Papier au citrate.* — La maison Lumière vend sous le nom de papier au citrate d'argent, et de nombreux fabricants ont mis dans le commerce des papiers de même nature, un papier analogue au précédent; il est formé de gélatine émulsionnée de chloro-citrate d'argent. Il se tire comme le papier à l'albumine et se traite de même. Mais il a l'avantage : 1° de ne pas avoir besoin d'être poussé au tirage autant que le papier à l'albumine; 2° de donner beaucoup plus de finesse, la gélatine formant une surface continue ; 3° de se conserver dans un lieu sec et enveloppé de papier paraffiné pendant des années; 4° de pouvoir se virer et se fixer par un seul bain.

On vire et on fixe d'un seul coup les épreuves au citrate (nous conseillons la marque Lumière), en les plongeant sans lavage dans le bain suivant :

A	Eau	1 litre
	Hyposulfite de soude . . .	150 gr.
	Talc en poudre	25 gr.
B	Eau.	50 gr.
	Chlorure d'or	1 gr.

On fait la solution A, contenant le talc en suspension et la solution B. Dès que la dissolution de l'hyposulfite et du chlorure d'or est complète, on mélange et on agite vivement le tout. Les épreuves virées-fixées sont lavées pendant deux heures ; elles se conservent moins bien que celles virées et fixées séparément.

On fait sécher les épreuves sur un buvard, image en dessus.

§ 3. *Papier au gélatino-bromure.* — Les papiers précédents donnent des épreuves d'une durabilité incertaine. C'est pourquoi on préfère faire les épreuves sur papier au gélatino-bromure. Ce papier est recouvert d'une émulsion (mélange sensible) analogue à celle des plaques. Comme marques recommandables, citons le Lumière (C brillant et A mat), les Lamy, les Guilleminot, les Jougla, les Grieshaber, les Toula et Saint-Luc Bayer, le Duvau et le Paget Prize, tous excellents.

Pour l'usage, on ouvre les pochettes à la lumière rouge ou verte dans le laboratoire et on les emballe bien de papier noir. Le morceau employé est placé sur le cliché comme d'ordinaire. On expose à la lumière artificielle pendant un temps variable suivant le cliché et l'intensité lumineuse. Avec un bon cliché, du papier Lumière et une bougie, il faut de 30 à 50 secondes ; à la lumière du jour, 5" suffisent.

Dans notre volume « La Photocopie positive par développement », on trouvera l'indication exacte des temps de pose pour les papiers les plus connus.

Avec les papiers ci-dessus, employer le révélateur suivant, qu'on verse sur le côté sensibilisé du papier préalablement humecté :

Eau	250 cm3
Carbonate	5 gr.
Sulfate de soude	12 gr.
Hydroquinone	0 gr. 5
Métol	0 gr. 8

On le retire à point et on lave dans une cuvette contenant de l'eau additionnée d'un peu de bisulfite de soude. On termine par un fixage dans l'hyposulfite à 15 % pendant vingt minutes. A ce moment, on sort du laboratoire et l'on peut laver l'épreuve pendant deux heures.

L'épreuve terminée, il n'y a plus qu'à la finir c'est-à-dire la coller sur carton, de façon à la rendre plus maniable et auparavant à la découper en rectangle pour supprimer les bords qui peuvent être défectueux.

FIN DU TOME PREMIER

TABLE DES MATIÈRES

Grande Imprimerie de Troyes, 126, rue Thiers

Principaux Ouvrages sur la Radiographie

Technique et Applications des Rayons X. — Traité pratique de radioscopie et de radiographie, par G.-H. Niewenglowski, préparateur à la Faculté des Sciences de Paris, directeur du journal *La Photographie*. Un volume broché in-18 avec 78 figures dans le texte et 8 planches hors texte (Desforges, éditeur), **3** fr.

Traité pratique de Radiographie et de Radioscopie. — Technique et Applications médicales. Grand in-18, par A. Londe (Gauthier-Villars, éditeur), **7** fr.

Technique médicale des Rayons X, par Abel Buguet. — Société d'Editions scientifiques, Paris.

Les Rayons X et la Photographie à travers les corps opaques. — In-8° par Ch.-Ed. Guillaume (Gauthier-Villars, édit.), **3** fr.

Les Rayons Röntgen, par Ch. Henry. — Société d'Editions scientifiques, rue Antoine-Dubois, 4.

La Photographie de l'Invisible, par G.-H. Niewenglowski (même éditeur).

A travers les Corps opaques, par Santini (Mendel, éditeur), 2 fr.

La Photographie de l'Invisible, par Aubert (Schbicher, éditeur).

La Photographie de l'Invisible, par Vitoux (Chamuel, éditeur).

Ein neues Werk über die Röntgenstrahlen, par Eder et Valenta (W. Knappe, éditeur à Halle-sur-Salle).

The new light, par Dawbarn et Ward, avenue Farrington, à Londres.

The pratical Radiography, par les Mêmes.

Röntgen's X rays, par Dittmar (Wittaker, éditeur à Londres.

The X rays, par Thornton (Percy lund et Cie, éditeurs à Londres.

Dans les *Annales de l'Université de Wurtzbourg*, lire aussi **Le Mémoire de Röntgen** dont on peut lire le résumé au chapitre II de cet Ouvrage, tome Ier, pages 33 à 39.

www.ingramcontent.com/pod-product-compliance
Ingram Content Group UK Ltd.
Pitfield, Milton Keynes, MK11 3LW, UK
UKHW021107220726
13924UKWH00004B/1561